はなしシリーズ

生物資源の王国「奄美」

德 廣茂著

技報堂出版

はじめに

オーストリアの僧侶で植物学者のグレゴール・メンデルは、エンドウ豆の交配実験をもとに、親子や近親間の遺伝に明らかな法則性があることに気づき、初めてそれを体系化した。これが世に知られたメンデルの遺伝の法則であり、今から百年ほど前の一八六六年に発表されている。

メンデルは、親子の細胞に遺伝情報を担う要素があることを発見、遺伝子の概念を初めて導入した。しかし天才の哀しさか、メンデルの法則は、ド・フリースら三人の植物学者によって再発見されるまで、五〇年近く世に認められなかった。人々が、メンデルの構築した遺伝概念をもとに、より合理的、計画的に所望の形質の作物を創り出すための近代育種学は、実質二〇世紀になって始まったといえる。

一九四四年、細菌学者オズワルド・エイブリー（米）は、「肺炎双球菌の形質転換」実験を行い、メンデルの提唱した遺伝子の実体はＤＮＡ（デオキシリボ核酸）であることを発見した。そしてＤＮＡが、四つの塩基性化学物質（アデニン、グアニン、チミン、シトシン）から成ることが明らかとなった。

その後、一九五三年、イギリスのキャベンディシュ研究所の若き生物学者ジェームズ・ワトソンと物理学者フランシス・クリックらによって、DNAの立体化学構造は「二重らせん構造」であることが提唱された。このモデルで、遺伝のすべての秘密は、四つの塩基配列に隠されていることが明らかとなった。ここから、メンデルに始まった遺伝学は、単に生物学者のみならず、物理学者や化学者を巻き込み、一大分子生物学へと発展していった。

一九七二年バーグ（米）は、サルの腫瘍ウィルスのDNAに大腸菌のDNAを組み込んだ。一方、ボイヤー（米）とコーエン（米）は、大腸菌にカエルのDNAの一部を導入し、大腸菌の遺伝形質を転換できることを証明した。

これによって、異種の生き物間でも遺伝子DNAを、自在に切ったり、結合させたりして組換えを行い、新しい形質の生き物を創る道が開かれた。従来、人為的に量産することができなかったインシュリンや成長ホルモンなどのようなヒトに有用な物質も量産できるようになった。こうして遺伝子工学（バイオテクノロジー）が桧舞台に登場し、DNA関連技術が急速に開発され、今やこれらの技術が、医薬のみならず、農業・水産・畜産などの一次産業の分野にまで影響力を及ぼしている。

閑話休題。

このようなバイオテクノロジーの潮流の中で、著者は化学療法剤の開発をめざし、抗ウイルス活性物質の研究に携わっていた。そして、一九八〇年夏、南スペインのグラナダで開催された第七回医薬品化学国際シンポジウムで発表する機会を授った。たまたま発表は初日の午前中で終り、構内の芝生で一息入れていた時であった。

「この日射しは、まるで郷里奄美じゃないか」と思った。周囲の景色は、夏らしくない赤土色の禿げ山が連なり、奇妙な感じすら受けた。

「陸がこれじゃ、いったい何で生計を立てているのか、それで海か、それでコロンブスか」と……。

それに比べてわが奄美は、水陸ともになんと豊かな緑であろう。もしや「バイオテクノロジーの決め手となる『生物の種』が『奄美』に秘められている」のではないかと……。この閃きは、深く脳裡に刻み込まれ、帰国後、その虜となった。以来二〇年の歳月を経た。

この間、著者は、バイテク時代の到来をひしひしと感じながら、奄美の生き物、とりわけ動植物の情報収集、調査に努めてきた。その結果、「閃き」は的中し、奄美が「生物の宝庫」であることは、生物学者やその道の専門家の間では常識であることがわかった。

ダーウィンの進化論の礎となった中南米のガラパゴス諸島は、一般にも知られているが、奄美は「東洋のガラパゴス」と呼ばれていること、また屋久島以北とは生物種も異なり、ここに生物分布区分の渡瀬線があること、さらに生物学上貴重で、世界的にも類いまれな多種多様な生き物が生息していること、等を再発見させられた。同時にそれらはニューバイテク時代の、かけがえのないバイオ資源であることも認識させられた。

このような事実は、著者にとって大変衝撃的で、ことの重要性を痛感するものであった。というのは、奄美の生物資源は確かに奄美にあるが、これは単に奄美人のものか、という疑問である。

工業化時代の石炭、石油などの化石資源は輸入に頼らざるを得なかったが、新世紀のバイテク時代のバイオ資源は輸入の必要がない。生かすも殺すも自分の手の内にある。それらを生かして人類の共存共栄につなげるべきではないか。

仏神が、各国にバイオテクノロジーという「技術」を授け、日本に「生物種」を授けられたと考えるべきではないか。この考えに従えば、奄美の生物種は、人類共有の財産と見なされるのではないだろうか。人為的な環境悪化で、環境庁が作成したわが国の「レッドデータブック」(絶滅の危惧される野生生物の種の生息状況等を解説した資料集)に指定されているものもある。最近地元でも自然保護の機運が高まっているが、政府も国家プロジェクトとして積極的に支援を展開すべきではないだろうか。支援のあり方は「ライフサイエンスセンター」や「バイオ研究所」あるいは大学、大学院などの教育機関を創設して、この地域を教育・研究の学園地域としてはどうだろうか。

食物連鎖の頂点にある人間と言えども霞を吸っては生きられず、さりとて分別のない殺生は自殺行為だ。したがって「万物との共生思想」の教育は、地元で行うことが不可欠であろう。そして、世界の頭脳といわれる科学者や技術者を結集し、ニューバイテク時代の技術開発を行い、それらを世界に発信する。このことによって、わが国が、地球レベルの環境や食糧問題等に積極的に貢献することになる、というわけである。

本書を通して、「奄美」が二一世紀を担うバイオテクノロジーの発信基地となれば本望である。

もくじ

第1章

奄美諸島ガイド

アマミノクロウサギ（撮影　Ⓒ勝　廣光）

この本では、主として奄美の自然と生き物たちを主役に話を進めるが、それらの保全、保護、維持、共生などを考えれば、人間とのかかわり合いを抜きにしては無意味である。したがって、奄美がどのようなところか、住人たちがどのような考え方をして、またどのような暮らしをしているのかなどを、あらかじめ知っておく必要があるだろう。

1——奄美（あまみ）は何県にある？

現代は、南北六千キロに及ぶ日本列島は言うに及ばず、地球の裏側の国々や、月や火星まで射程距離に収めた高度情報化社会である。北海道のサケやコンブを、沖縄人がテレビ電話で買うメディア時代だ。今さら「奄美が何県」などとたずねるのはトンチンカンかもしれない。しかし、意外と人は、いつの世にも勘違いをするものだ。

今から四〇年前のエピソード。著者が初めて東京の地を踏んだときのことである。

「どこから来た」とたずねる人があった。

「はい、オオシマから来ました」

「同じ東京だけど、船で十時間ぐらいかかった？」

「えっ……？」

この人、伊豆の大島と思っているらしい、それにしても伊豆半島は、確か静岡県のはずだがなあ、伊豆の大島が東京都なのかなあ——と自問しつつ、

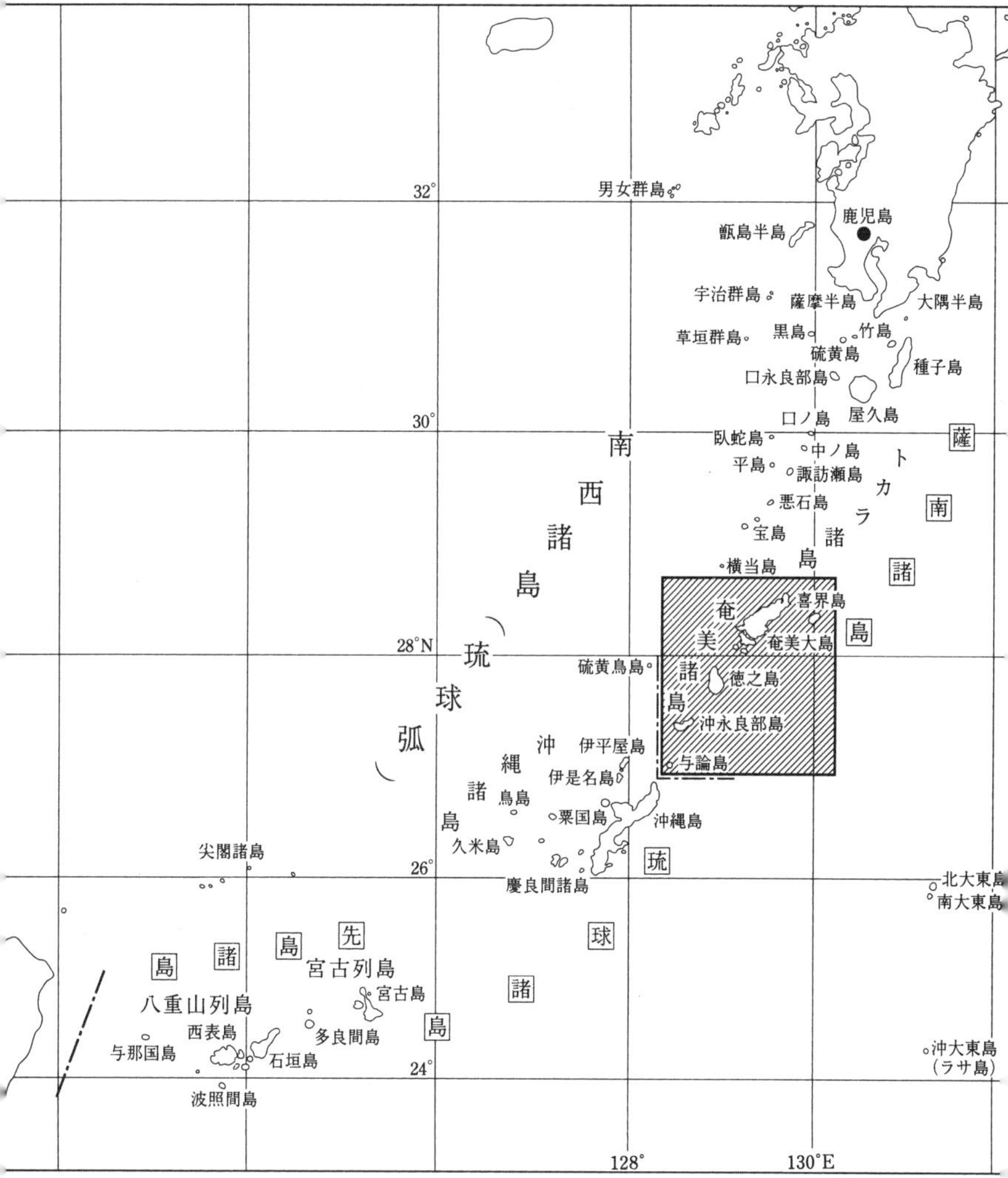

図 1

3 1　奄美（あまみ）は何県にある？

「いえ、二泊三日かかりました」

「ああ、アマミオオシマか、沖縄県だね」

「いえ、鹿児島県です」

後で調べたら、伊豆の大島は東京都にありました。

さて、地図（図1）を見ると、九州の南の玄関口、鹿児島と台湾との間に、弓状に点在する島々がある。それらが南西諸島で、その北限の一隅に奄美諸島がある。鹿児島の南方三八〇〜五九二キロの海上である。

奄美諸島は、八つの有人島からなる。北から南へ順に喜界島《きかいしま》、奄美大島、加計呂麻島《かけろましま》、請島《うけしま》、与路島《よろしま》、徳之島、沖永良部島《おきえらぶしま》および与論島である。この与論島までは鹿児島県で、それ以南は沖縄県である（図1）。

所在地の表示は、名瀬市以外は鹿児島県大島郡部町村である。

2——奄美の諸島

奄美諸島は東経約一二八度から一三〇度、北緯約二七度から二九度以内にある。

八つの有人島の総面積は一二四〇平方キロ、そのうち奄美大島本島が七一九平方キロで、全体の約六割を占める。この面積は、個性的な繁栄をとげていることで知られる国シンガポール（五八一平方キロ）より広い。奄美大島を訪れた人が最初に驚くことは、北部の空港（笠利《かさり》町）から南部の

表 1　奄美諸島の概況

島　名		面積（km²）*1		周囲（km）*1		市町村名
喜界島	（湾）	56.87	（4.6）	50.0	（5.7）	喜界町
奄美大島		820.96	（66.2）	651.8	（74.9）	（1 市 3 町 3 村）
大島本島	（名瀬）	720.89	（58.1）	461.1	（53.0）	名瀬市*2, 笠利町,
加計呂麻島	（諸鈍）	77.38	（6.2）	147.5	（16.9）	龍郷町, 瀬戸内町,
請　島	（池地）	13.34	（1.1）	24.8	（2.8）	大和村, 住用村,
与路島	（与路）	9.35	（0.8）	18.4	（2.1）	宇検村
徳之島	（亀津）	247.91	（20.0）	89.1	（10.2）	徳之島町, 伊仙町, 天城町
沖永良部島	（和泊）	93.63	（7.6）	55.8	（6.4）	和泊町, 知名町
与論島	（茶花）	20.49	（1.7）	23.7	（2.7）	与論町
合計		1 239.86	（100.0）	870.4	（100.0）	1 市 10 町 3 村

（注）　*1　（　）内の数値は%，*2　鹿児島県大島支庁所在地

国道五八号線の終点（瀬戸内《せとうち》町）まで、車を走らせて二時間以上もかかることである。

「これは、大陸じゃないか」と……。

全諸島の周囲は八一九キロ、そのうちの五〇%、四〇五キロが大島である。海岸線も複雑に入り込み、リアス式の天然の良港を形成している。

大島本島は一市三町三村からなる。横綱の先代朝潮太郎や長寿世界一の泉重千代翁で知られる徳之島は、徳之島町、伊仙《いせん》町、天城《あまぎ》町の三町、ユリやフリージアの島、沖永良部《おきえらぶ》島は和泊《わどまり》町と知名《ちな》町の二町からなり、観光で若者に人気の夢の島、喜界《きかい》島と与論《よろん》島は一島一町である。

源平の故事を今に伝える加計呂麻《かけろま》島や請島《うけしま》、与路《よろ》島《しま》は、全長二四・五キロに及ぶ大島海峡を挟んで、行政上本島側の瀬戸内町に属する。瀬戸内町は四町村が広域合併してできた町で、その面積は日本でも屈指の広さである。役場の所在する古仁屋《こにや》の街は、

第二次大戦中軍港として発展した。天然の良港であり、海上タクシーが町民の足となっている。養殖漁業も盛んである。

奄美諸島の首都は、天気予報や台風シーズンでおなじみの名瀬《なせ》である。

3――奄美諸島の山河

喜界島、沖永良部島、与論島には、山らしい山も川らしい川もない。隆起サンゴ礁から成る島々で、真夏日などには慢性的に水不足になり、農業用水、観光客の誘致にも課題を残す。このため、人工の地下貯水池の設置が進んでいる。毒蛇のハブはいない。

一方、奄美大島やその属島および徳之島は、地質学的に共通の古生代地層で、四百メートル級の山々が連なっている。最高峰は、大島本島宇検《うけん》村の湯湾《ゆわん》岳（六九四メートル）である。次いで井之川岳（徳之島町、六四五メートル）、さらに五百メートル級の山々には、天城岳（天城町）、小川岳（大和村）、金川岳、イイラ岳（住用《すみよう》村）がある。

これらの山々を源流とする河川は豊かである。本島では、約一七キロの住用川を筆頭に、役勝《やくがち》川、川内《かわうち》川（以上住用村）、河内《こうち》川（宇検村）、大川（名瀬市）がある。徳之島にも山相応の川があり、全長約一三キロの秋利神《あきびかみ》川（天城町）がある。イジュやシイなどの広葉樹林の繁茂する山のお陰で水不足の心配はない。ただ、大島本島北部の笠利町は平坦地が多いので、夏場に渇水に見舞われる時がある。

表 2　奄美諸島の主要な山岳と河川

島　名	山岳（標高 m）	河川（延長 km）
喜界島	百之台：204（最高点）	特になし
奄美大島 （本島）	湯湾岳：694.4，小川岳：528.2， 金川岳：520.0，イイラ岳：502， タカバチ岳：485.4，油井岳：482.4， 滝ノ鼻山：482.0，鳥ヶ峰：467.4， 松長山：455.2，戸倉山：441， 冠岳：435，高知山：415， ヤクガチョボシ岳：411	住用川：約 17， 役勝川：約 15， 河内川：約 12， 川内川：約 11， 大川：約 10， 秋名川：約 8， 大美川：約 6
加計路麻島	弓師山：314（最高山）	特になし
請島	大山：398（最高山）	特になし
与路島	大勝山：297（最高山）	
徳之島	井之川岳：644.8，天城岳：533.0， 三方通岳：496.4，美名田山：438， 犬田布岳：417	秋利神川：約 13 万田川：約 6 亀徳川：約 6 鹿浦川：約 6
沖永良部島	大山：245（最高点）	特になし
与論島	断層線：97（最高点）	特になし

全体に奄美大島の地形は扇形である。笠利町から始まる国道五八号線は、名瀬市まで比較的平坦だが、名瀬市朝戸から住用村への和瀬峠越えは、いよいよ山間部というところで急峻である。しかし、この道路は現在トンネル工事が進んでおり、一、二年のうちには改善され、時間的にもかなり短縮される見込みである。

急峻な和瀬峠を下りると、住用村城、美里《みさと》集落に至る。ここから住用村役場のある西仲間《にしなかま》集落へは、以前なら難所の三太郎峠を越すのに車で二〇分程度かかったが、数年前にこの峠の下に二〇二七メートルの三太郎トンネルが開通し、現在は五分程度で通過できるようになった。さらに、役勝集落を過ぎたあたりで国道五八号線を右へ折れると宇検《うけん》村に至るが、役勝川の清流を左に見ながら、途中の赤土山まで続くうっそうとした原生林の景観は、奄美のチベットといった感じである。

赤土山に立って北に向かうと、左手には宇検村のハイビスカスロードが村内まで続き、旅人の疲れを癒してくれる。正面のはるか彼方には最高峰、湯湾《ゆわん》岳が拝める。その麓一帯から北東地帯にかけて原生林が繁茂しており、この森や林床、また川が、これから登場する生き物たちの住処である。クロウサギやリュウキュウアユだけではなく、毒蛇ハブもしっかりと居住権を得ている。

大島本島の属島、加計呂麻島、請島、与路島もそれぞれ三百メートル級の山を有し、リュウキュウイノシシやハブが住む。

徳之島は、芸能、スポーツ、企業、自由業など、各分野で、非凡な才能を発揮する偉人(や変人)を輩出する土地柄である。島の北部は花崗岩、南部は石灰岩からなり、南北をつらぬく山々から湧き出る水は、クラスター(水分子がつながってできるかたまり)の小さい生命水であるはずだ。生体の化学反応を司る、いわゆる生体触媒作用をするミネラルも豊富に含まれている。著者は、偉人・変人多出の土壌は、この島の地質にあるのではないかと考えている。

鮫島正道はその著書「東洋のガラパゴス――奄美の自然と生き物たち」の中で、大島のハブは地上で、徳之島のハブは樹上で餌を捕る食習性の違いを指摘しているが、樹上「飛ぶ鳥を餌する元気さ」も、徳之島の地質と通底しているのではないだろうか。

徳之島と大島本島とは共通した生物相を持ち、種類と数では全面積の六割を占める本島が多い。

ただし、徳之島には本島にいない生き物がおり、生物学上の重要さは変わらない。

4——住んでいる人たち

●人口総数と世帯数

奄美諸島の総人口は昭和三〇年には二〇万五三六三人で、平成七年には一三万五七九一人（男＝六万四〇五九人、女＝七万一七三二人）であった。この四〇年間で六万九五七二人、ほぼ三四％が減少したことになる。この数字は、平成七年時の大島本島の総人口（約七万五八〇〇人）の実に九二％に達している。

人口は群島のすべての島で減少している。地域別にみると、名瀬市が約七％の増加だが、郡部の町村はみな大幅な減少である。特に大島本島南部四町村（瀬戸内町、宇検村、大和村、住用村）では、実に約六割近い減少が見られる。この地域は、前述のように山間部であり、耕地面積が少ないうえに交通不便など生活条件面も厳しいため、都市部への人口流出が著しかったものと考えられる。

これに対して北部二町の笠利町と龍郷町は、三五％の減少率にとどまっている。二町とも平坦な耕地に恵まれ、しかも国道五八号線で交通至便、名瀬市のベッドタウン的要素があること、さらには笠利町に設置された奄美空港の効果にもよるのだろう。

大島本島内の道路状況は、トンネル化が進んで飛躍的に改善された。それもここ十年来のことであり、二、三十年前には国道といえども大雨や台風のたびに崖崩れを起こし、不通になった。おそ

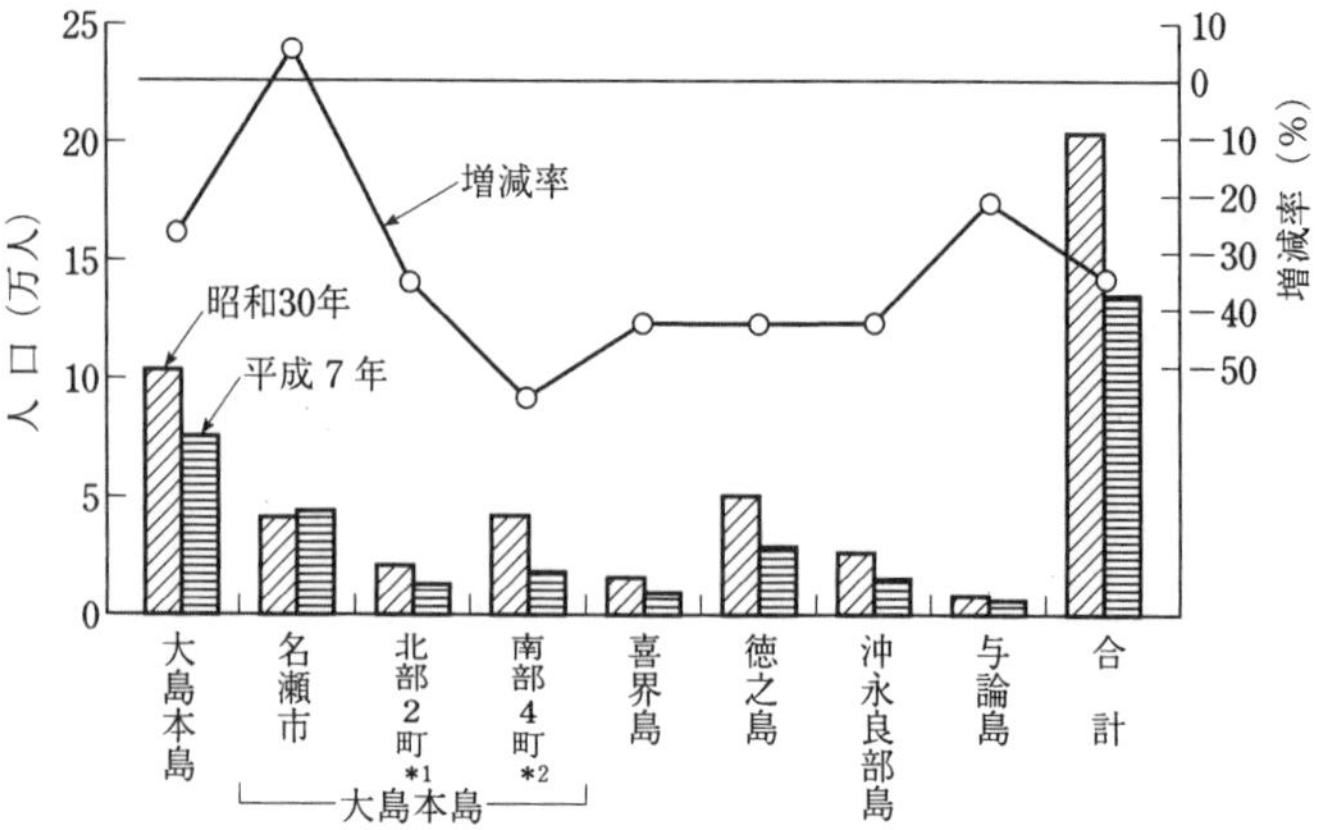

（注）＊1：笠利町，龍郷町.

＊2：瀬戸内町，宇検村，大和村，住用村.

（資料）国勢調査「奄美群島の概況．平成10年度版」より抜粋整理

図 2 地域別人口の推移

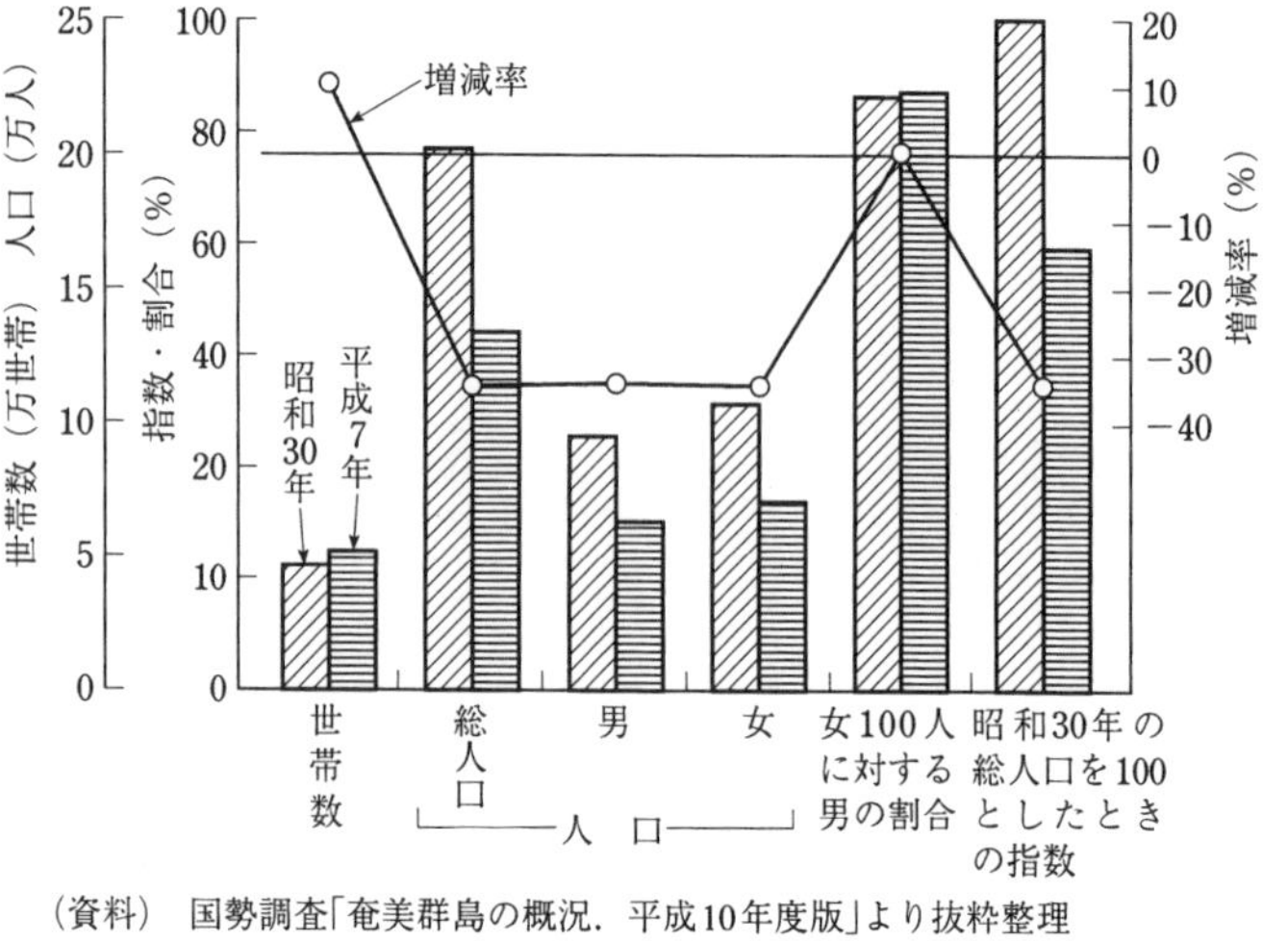

（資料）国勢調査「奄美群島の概況．平成10年度版」より抜粋整理

図 3 奄美諸島の世帯数男女別推移

らく当時は、南部瀬戸内町からバスで、名瀬まで二時間、奄美空港まで三時間はかかったはずである。単純には言えないが、この地域の人口減は反面、自然環境や生態系の保全、生き物たちの保護にとって望ましいものかもしれない。

奄美諸島の総人口がほぼ七万人も減少したにもかかわらず、世帯数は逆に、昭和三〇年の四万七一九七戸から平成七年には五〇〇七戸増えている。核家族化の進行である。

また人口の減少を男女別に見ると、男＝三万二四一七人（減少率三三・六％）、女＝三万七一五六人（同三四・一％）で、女性に対する男性の割合は八七・二％である。他方、住民のうち女性百人に対する男性の数は、昭和三〇年＝八八・六人、平成七年＝八九・三人であり、男が女より一二％ほど少ない。この割合は、四十年間ほとんど変わらない。

●年齢構成

昭和三〇年および平成七年の国勢調査の人口を、一五歳未満、一五～六四歳、六五歳以上の三階級に分けてみる。

構成割合は、昭和三〇年ではそれぞれ約三八、五四、八％、平成七年では二〇、五七、二三％である。四〇年間に、一五～六四歳（就労・生産年齢人口率）は微増（約三％）している。〇～一四歳（年少人口率）は、三八％（昭和三〇年）から二〇％（平成七年）に半減、代わりに六五歳以上（老年人口率）は飛躍的（約三倍）に増えている。鹿児島県の数字と比べると、年少および老齢の人

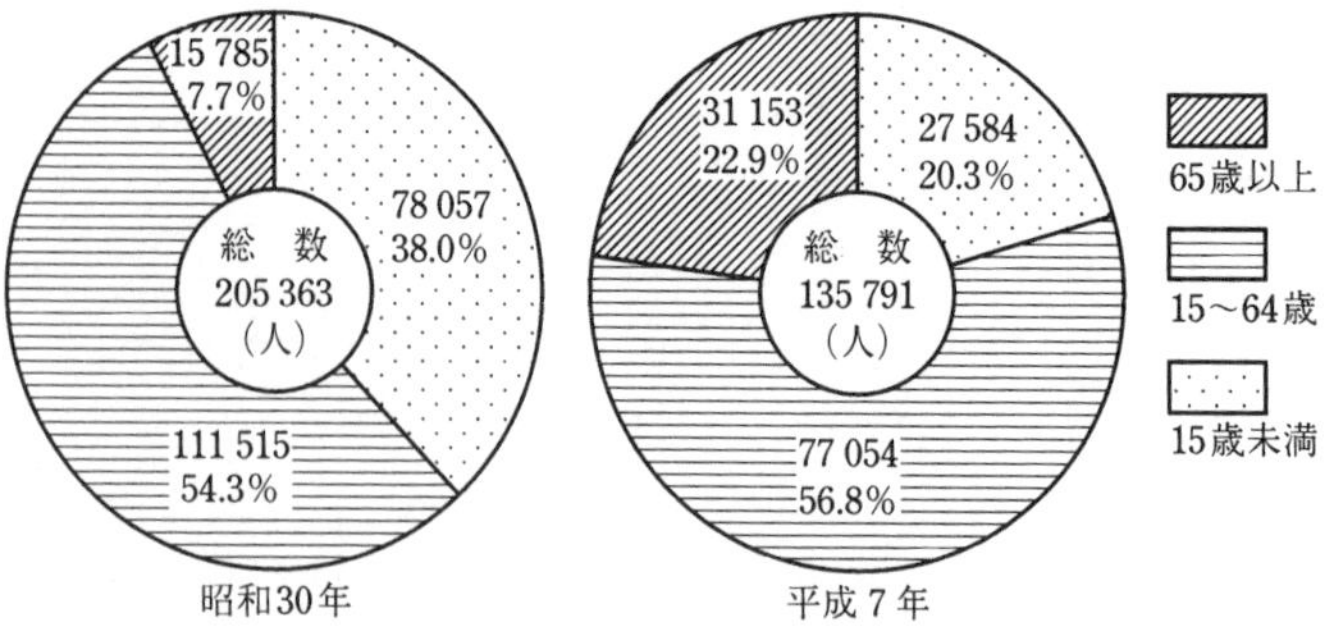

図 4　年齢階級別人口の推移

口率は鹿児島県平均より高いが、生産年齢人口率は低い。

人口の高齢化は全国的な傾向だが、経済の高度成長期における若年層の流出により過疎化が進んだ奄美諸島では、人口構成の老齢化が著しく、その進行度も早いのが特徴である。また、男女間の比較をみると、男性は少年および就労年齢人口率では女性を上回るが、老齢人口率では女性が高くなっている。

●長寿人口

日本人の平均寿命は男女とも世界一であること、また国内では沖縄県が最も長寿地域であることはよく知られている。しかし、鹿児島県の平均寿命を奄美諸島の居住者が押し上げていることは、あまり知られていない。この機会に、長寿の評価法について提案するとともに、奄美地域がまれな長寿地域であることを指摘しておきたい。

一般に長寿の評価は、最高齢者がいるからとか、あるいは全人口に占める高齢者の割合を比べて行っている。しかしそれらは間違いとは言えないまでも、少なくとも客観的な評価とは認められ

表 3　奄美諸島の長寿人口

年齢＼年		昭和30年 総数	昭和30年 男	昭和30年 女	平成7年 総数	平成7年 男	平成7年 女
65～		15 785	6 446	9 339	31 153	11 814	19 339
90～94		66	15	51	888	206	682
95～99		9	1	8	264	53	211
100～		1	1	0	58	10	48
長寿人口	合　計	76	17	59	1 210	269	941
長寿人口	長寿人口率	0.48	0.26	0.63	3.88	2.28	4.87

（注）　長寿人口率（%）$=\frac{90\text{歳以上人口}}{65\text{歳以上人口}}\times 100$

評価：10万人×長寿人口率

昭和30年総人口：205 363人，平成7年総人口：135 791人

ない。たとえば、後者の場合、同数の老齢者がいる地域でも、若者の多い少ないによってその割合が異なってくるからである。奄美諸島のように過疎高齢化社会では、高齢者率が高くなる。

そこで、長寿評価の客観的手法の一つとして、「六五歳以上の人口に占める九〇歳以上の人口の割合」に百を掛けてみる。これを「長寿人口率」と称し、この割合を十万人単位に換算した人口数で比較する方法を提案したい。定年退職年齢も、六五歳に延長される方向にある。また日本人の平均寿命は、男＝七七・一六歳、女＝八四・〇一歳であり、少なくとも平均寿命以上の年齢でないと長寿の実感が湧かない。このため、九〇歳を一つの目安とした。

この手法によって奄美諸島の長寿人口を算出した結果を表3に示す。

この表から、平成七年の長寿総人口は一二一〇人である。この値は、四〇年前の昭和三〇年の七六人のほぼ一

表 4　鹿児島県の 100 歳以上者の地区別状況

（1999 年 9 月末現在）

区　分	100 歳以上人口（人）	総人口（人）	65 歳以上人口（人）	老年人口比率（%）	10 万人当り 100 歳以上者人口（人）
鹿児島地区	69	677 692	116 565	17.20	10.2
指宿地区	19	76 384	20 613	26.99	24.2
川辺地区	19	93 914	26 718	28.45	20.2
北薩地区	47	232 898	58 446	25.10	20.2
姶良地区	48	245 865	54 435	22.14	19.5
曽於地区	21	106 612	27 234	25.54	19.7
肝属地区	26	172 806	41 903	24.25	15.0
能毛地区	7	50 243	12 579	25.04	13.9
奄美地区	70	134 023	33 655	25.11	52.2
県全体	326	1 790 437	392 149	21.90	18.2

（注）1．地区は県福祉事業所別，2．総人口，65 歳以上人口，老年人口比率は 99 年 3 月 31 日現在の住民基本台帳による。

（資料）南海日日新聞，1999 年 9 月 8 日（水）（7 頁）記事より抜粋。

六倍であり、急速な長寿社会の到来を示している。過疎長寿化社会といえる。

平成七年の「長寿人口率」を算出すると三・八八％となる。これを十万人に換算すると、実に三八八〇人である。この値を他地域に比べれば評価が可能である。

鹿児島県高齢者対策課は敬老の日を前に、一九九九年度の「百歳以上（九月三〇日現在での年齢）長寿者」を発表した。

それによると、百歳以上のお年寄りは三二六人。最長寿者は一一二歳の本郷かまとさん（鹿児島市在住、奄美地区伊仙町出身）で全国でも一位、奄美地区ナンバーワンの保ぬせさん（天城町）は県内二位の一〇七歳。奄美の百歳以上のお年寄りは七〇人で県内トップ。人口十万人当たりでも突出している。七〇人の内訳は男＝八人、女＝六二人。県内長寿番付の上位一〇人

表 5 鹿児島県の 100 歳以上者の地区別長寿番付（徳法による）

区　分	長寿人口率(%)	老年人口 10 万人当りの 100 歳以上者の人数	長寿順位	従来法による 総人口 10 万人当りの 100 歳以上者の人数	従来法による 長寿順位
鹿児島地区	0.0592	59.2	⑧	10.2	⑨
指　宿 〃	0.0922	92.2	②*	24.9*	②
川　辺 〃	0.0711	71.1	⑥	20.23*	③
北　薩 〃	0.0804	80.4	④	20.18*	④
姶　良 〃	0.0882	88.2	③*	19.5*	⑥
曽　於 〃	0.0771	77.1	⑤	19.8*	⑤
肝　属 〃	0.0620	62.0	⑦	15.0	⑦
熊　毛 〃	0.0556	55.6	⑨	13.9	⑧
奄　美 〃	0.2080	208.0	①*	52.2*	①
県　全　体	0.0831	83.1	—	18.2	

（注）　$長寿人口率=\frac{100歳以上者数}{65歳以上者数（老年人口）}\times 100$,　　＊は県全体数値以上。

のうち五人が奄美地区のお年寄り。総合四位の圓山平熊さん（奄美地区龍郷町、一〇六歳）は男性のトップ。

この資料から、奄美地区が鹿児島県内では最も長寿地区である。ただ、この資料中十万人当りの数値は、あくまでも総人口当りの百歳以上の人口がその算出基準となっている（この方法を行政の従来法、あるいは単に従来法と呼ぶ）。この場合、奄美地区のように若者の少ない地区は高い数値となり、他方、都市部の鹿児島地区のように若者の多い地区では低い数値となる。このような不都合を是非するために、新しい長寿評価法（徳法と呼ぶ）で算出してみると、表5となる。これを従来法で算出した数値と比較してみると、明らかに順位が入れ換わってくる。

例えば、従来法では八位の熊毛地区と九位の鹿児島地区が徳法では逆転するし、六位の姶良地区と三位の川辺地区も逆転する。

長寿評価の徳法でも奄美地区が断然トップで、六五歳以上の人口十万人当り百歳以上の人口は二〇八人となる。二位は指宿地区の九二人、三位は姶良地区八八人(ここまで県全体の数値以上)、四位北薩、五位曽於、六位川辺、七位肝属、八位鹿児島、九位熊毛地区の順となる。

このように奄美は、過疎高齢化の先端にあると同時に、最も長寿(長命)地域である。なぜ長命なのかについては後述するが、これも生物資源の豊富さや生物相境界線(渡瀬線)と無縁ではないように思う。

●老年人口比に見る従来法と徳法の特徴と使い分け

従来法は、総人口を分母、当該年齢以上の人口(例えば六五歳以上人口あるいは百歳以上人口など)を分子として計算する。他方、徳法では、分母に定年退職者人口すなわち老年人口(例えば六五歳以上の人口)、分子に長寿者人口(日本の平均寿命は、男=七七・一六歳、女=八四・〇一歳だが、著者は九〇歳以上を長寿者と見なした)をとり、長寿人口率を求めている。

前者は、社会科学的な要素評価、例えば老人問題にどう取り組むかを検討する場合などに適しており、後者は、自然科学的な要素評価、例えば長寿者の地域別有意差を検討する場合に適している。要は、目的に応じて、それらの数値を使い分ければよい。

したがって、従来法で長寿者の地域別優位差を評価するのは妥当ではない。なぜなら、分母の数値が若年層の多少によって左右され、無意味だからである。また、従来法では、長寿（長命）の年齢が具体的でないため、実際に対応するときに戸惑いを生じがちだ。

5――教育と人材の島

奄美はよく「教育の島」「人材の島」といわれる。ここでは、おそらくそのことと深く関係する「奄美の心」といったものについてふれてみたい。

●「にらいかない」信仰にみる教育

古来、奄美では「にらいかない」が信じられていた。これは、自分たちを幸せにする方が、海の彼方からやってくる、という信仰である。

少し奄美の歴史を振り返ってみよう。一一七七年、平氏討伐を謀ったのが露見し、後白河法皇の側近、僧俊寛が流された鬼界ヶ島は現喜界島であったとされる。彼は、その地で生涯を閉じた。また、一一八五年の源平の合戦で敗れた平資盛、有盛、行盛らも喜界島に逃れた。そして三年後に、資盛が加計呂麻島（諸鈍《しょどん》）に、行盛、有盛らがそれぞれ大島の戸口（龍郷《たつごう》町）と浦上（名瀬市）に居城を築いた、とある。一四四〇年には琉球王朝統治、一六〇九年には薩摩藩政が始まる。一八五九年、西郷隆盛が龍郷に潜居、一八六二年七月には西郷が徳之島に流罪となり、同年八月に沖永良部島に配流。一九四六年には第二次世界大戦終戦により二・二宣言でアメリカ信託統治が始まり、一九五三年日本に復帰した。

このような歴史の変遷の中で、海の彼方からきた為政者や流罪者たちは、幸せを島民にもたらしただろうか。

西南戦争後、明治新政府によって鹿児島県が開放されるまでの間、奄美は圧政と搾取に苦しんだ。特に薩摩藩政時代には「砂糖地獄」と呼ばれたほどに悲惨であったから、奴隷に余計な知恵を与える教育などはもってのほかだった。しかし、奄美の島民は、親兄弟を失いながらも生き続け、心まで侵入者たちに征服されることはなかった。また一方では、俊寛や平家の公達、西郷らから「都の文化」や「読み書き、そろばん」などを学んだ。特に、西郷の「敬天愛人」の思想は、いまも人々の心に生きているようだ。

いよいよ新世紀を迎えようとしている今、奄美人は自治、勤労、奉仕、和親をかみしめながら平穏な日々を送れるようになっている。昭和六〇年（一九八五）には、外国人登録数が一九九人を数え、その後も外国人は増え続け、平成九年現在、一八ヶ国・四〇一人が登録されている。このことは奄美人の国際社会参加への視野を広めるのに一役買っている。

逆説的だが、過酷で悲惨な砂糖地獄の経験が、奄美人の教育重視の原点を芽ばえさせ、鍛えたとは言えないだろうか。

●黒砂糖の「勝手世騒動」

江戸期、幕府は諸藩に土木工事などを命じ、そのため諸藩の財政は逼迫した。薩摩藩も一七五四年（宝暦四）に木曽川の治水工事のお手伝い普請に駆り出され、深刻な財政の悪化を招いた。そして、これを立て直すための財源を、奄美のサトウキビ、黒砂糖に求めた。監視体制を強め、過酷な労働を強い、税金を厳しく取り立てたのである。台風の常襲地帯の奄美のこと、サトウキビが不作の年も多く、ノルマが果たせず、家出、身売り、餓死、自殺、打ち首になる者が後を断たなかった。各地で反乱が起き、鎮圧された。

廃藩置県により薩摩藩が鹿児島県となり、明治新政府の大蔵省から「黒糖の自由売買許可」があったが、甘い汁を貪る県の役人たちは改まらなかった。大島商社を設立し、相変らず利権を貪った。これに抵抗して始まったのが「勝手世騒動」として今に伝えられる自由売買運動である。

奄美のリーダー・丸田南里と同胞五五人は、島民の窮状を訴えるべく、船団を組み三八〇キロの海上を北上して鹿児島県庁へと向かった。七島灘は、北上する黒潮が太平洋側と東シナ海側に分岐する箇所で、海流も速く難所である。丸田らは途中、嵐に見舞われ難破し、死者も出た。命からがら鹿児島に上陸できた者は半数だったらしい。そのうえ登庁して窮状を訴えようとしたところ、役人は話を聞くどころか、全員を捕えて投獄した。

ときあたかも西南戦争の真最中で、田原坂の攻防戦が展開されていた時期にあたる。彼らのうちの十数人は、戦いに加わることを条件に出獄、戦場に送られてほとんどが戦死した。脱走した者もあったというが消息は不明である。

獄中の残留組は、城山が陥落した後、官軍によって解放された。帰路も嵐に遭遇し、帰島した者はわずか数人であった。その時に、涙ながら訴えた言葉が
「これからは、学問ぞ、学問ぞ」

である。この短い言葉は、奄美人の心の底に響き、福沢諭吉の「学問のすすめ」と同様の効果を果たすこととなった。

大島商社のほうはその後もちろん解散された。

時代も下った昭和のある日のこと、島の後輩が集い、あの時の「学問」とはなんだったのかを語り合う機会があった。結論は「法律」であった。当時、文盲の島民は、鹿児島に出てはみたものの、東西南北もおぼつかず、言葉もよく通じず、もちろん法廷での口上の術などはもつわけもない。これでは自らの意思を伝えることは難しい。とにかく、広く世の中の仕組みを知り、法律なるものを勉強しなければならない、と痛感した。

島民の魂を激振させたこの事件は、後に奄美初の法学者・泉二新熊博士を誕生させた。博士は、日本国の大陪審院長を務め法曹界をリードするかたわら、郷土奄美の若者を呼びよせて生活の面倒をみ、学問の貴さを説いて叱咤激励した。これにより多くの弁護士が奄美から輩出した。人口二〇万足らずの奄美出身の弁護士の数は、青森県並みである。人口比では日本一だろう。

奄美はこのようにして、弁護士を皮切りに、医者、教育者、芸術家、企業家、スポーツ選手など

多くの分野の人材を続々と送り出している。

数年前だが、NHKテレビの番組が奄美人は「なぜ頭がいいのか」をとりあげたことがある。奄美大島大和村今里集落が紹介されたが、カツオの頭をよく食べ、DHA（ドコサヘキサエン酸）を摂取しているから、とされていた。いかにも現代自然科学的な結論であるが、先人の「精神」をまず挙げねばならないだろう。

●「結い」の心と「すとごれ」精神

奄美の社会、教育は「結《ゆ》い」の心と「すとごれ」精神抜きで語ることはできない。「結い」の心は、親兄弟、隣り近所、集落、市町村単位で、互いに助け合うことを教えている。すなわち相互扶助の心である。昭和二八年の日本復帰や、昭和三〇年代の高度経済成長期に、郷土の先輩に引きよせられて大勢の奄美人が関東、関西、九州方面に移住した。それらの出郷者たちは、それぞれの地域で、同期会、同窓会、郷友会を結成、さらに地域間をリンクして全国組織を結成、定期的に親睦を図り、相互扶助の心を発揮している。その姿は、まさにイモヅル社会である。「すとごれ」精神は負けじ魂、不撓不屈の精神である。スポーツ、経済活動などあらゆる分野で、互いに競争し、団結する。誰かが「家を建てた」と聞けば「自分も……」と努力する。日本復帰運動では、九割以上の人々が請願書に署名し、無血復帰した。

今もって世界中で民族間紛争による流血が絶えないが、奄美人は、半世紀前に無血復帰を成し遂げたことを誇りにしている。それは、明治維新のとき、勝海舟と西郷隆盛が江戸を戦火から救った心に通じるものがあり、また島内外の同胞が、卵の殻を内外からつつき合った結果でもある。その根は、やはり「結い」の心と「すとごれ」精神が育んだ団結心であろう。この団結心は、強者に対して弱者が生きていくための知恵であると考えられる。

●学校教育

奄美諸島の大島地区の平成一〇年現在の学校数は、小学校＝一〇三校、中学校＝五九校、養護学校＝一校、高等学校＝一一校（含私立一校）の計一七四校である。ほかに看護福祉専門学校一校があるが、短大以上の学府は群島外に依存している。

奄美諸島では少子化に加えて過疎高齢化のため児童、生徒が減少し、学校は小規模化、少人数学級や複式学級が増えている。これを食い止めるに、もっと人的・自然的資源を生かしたらどうだろうか。都市山村交流や里親制度等を推進して児童・生徒の受け入れなどを図り、地域の活性化に役立てるのである。

奄美諸島の高校進学率は九割を超している。地元には一一校の高校が設置されており、約五一〇〇人が在学、教職員数は約四三〇人である。これらの教育に要する費用は父母にとって大きな負担だが、地元で教育できることは幸いである。

筆者の十年ほど前の調査では、奄美諸島の人口は約一五万で、高校卒業生は約二千であった。しかし、中核の名瀬市でも人口が四万人ありながら短大一つない。奄美を除いた鹿児島県では、人口約一五〇万人に対して一一校の短大・大学があり、沖縄県は人口約一二〇万人に対して一三校の短大・大学を持つ。人口三万の都市で短大を持つところさえあった。教育は、己を興し、地域を興し、国を興すのではないのか。

日本復帰の翌昭和二九年、国は「奄美群島復興特別措置法」を公布、復興・振興・振興開発などの名目でこの特別措置法を延長、今日に至っている。この間、毎年数百億円の資金が投入され、すでに四五年足らずで七千億円以上もの巨額が投資された。それにもかかわらず、法延長の根拠は、いまだに「台風の常襲地域であり、ハブが棲み、四方海の離島で自然条件が厳しく、本土との所得格差がある」等である。知恵ある、波及効果を生む投資がなされているのか疑問である。いったい、巨額の投資を何に使ってしまったのだろうか。

巨額の投資で所得格差がなくなるならば結構な話だ。しかし、奄美諸島の今日の過疎高齢化は、高等教育機関の過疎が拍車をかけたとは言えないだろうか。

「すとごれ」精神は自立自興の精神でもあるはずだ。黄金の生物資源も発見された新世紀、教育なくしては人材の育成はできず、島の将来は拓けない。高等教育機関の設置に期待したい。

6――こんな文化がある

●奄美の方言

七島灘の南に点在する奄美諸島は、古来「道の島」と呼ばれ、南方文化と北方文化とが交流する要路に位置する。また、古代日本語の源泉とも言うべき方言の宝庫でもあり、自然科学のみならず、人文科学でも学界の注目を浴びている。

奄美の言葉は、全体としては日本語の一方言として、琉球方言に包括されているが、各島別にみると、それぞれに独特の差異がある。これらは、①大島本島方言（北部大島方言、南部大島方言）、②喜界島方言、③徳之島方言、④沖永良部島方言、⑤与論島方言、の五つに大別できるが、子細にみるとさらに細かなちがいがある。例えば南部大島方言といっても、集落単位で語尾などが著しく異なり、複雑である。

今日、奄美の方言はラジオやテレビの普及や交通の発達等の影響で、絶滅危惧種の生き物同様に存亡の危機にある。この危機感から、奄美では、島口（方言）大会などを定期的に開催して普及に努め、共感を呼んでいる。しかし、公共性や合理性追求の世の流れに棹さして、どこまで文化遺産を保存できるか心配である。

表 6　市町村指定の文化財

種類＼市町村	名瀬	大和	宇検	住用	瀬戸内	龍郷	笠利	喜界	徳之島	天城	伊仙	和泊	知名	与論	計
総　　数	8	45	10	35	39	9	81	26	43	30	34	31	20	11	422
有形文化財	1	—	4	1	28	3	23	14	8	3	4	12	1	5	107
無形文化財	—	—	—	—	—	—	—	—	—	—	—	—	—	—	0
民俗文化財	4	45	3	10	5	1	28	8	29	26	8	11	6	—	184
記 念 物	3	—	3	24	6	5	30	4	6	1	22	8	13	5	131

表 7　鹿児島県指定の奄美文化財

名　称	所在地	指定年月日	種　別	所有者・管理者
南洲流謫跡	龍郷町龍郷	昭 30.1.14	史跡	龍　まさ子
和泊町の世之主の墓	和泊町内城	昭 41.3.11	史跡	和泊町
昇龍洞	知名町住吉吉野平川	昭 42.3.31	天然記念物	知名町
油井の豊年祭り	瀬戸内町油井	昭 58.4.13	無形民俗文化財	油井豊年踊り保存会
上平川の大蛇踊り	知名町上平川	昭 59.4.18	無形民俗文化財	上平川大蛇踊り保存会
沖永良部島下平川の大型有孔虫化石密集産地	知名町下平川	昭 62.3.16	天然記念物	宮當　重夫
犬田布貝塚	伊仙町犬田布	平 元.3.22	史跡	伊仙町教育委員会
カムイヤキ窯跡	伊仙町阿三	〃　3.3.22	〃	重田　源孝
城間トフル墓群	笠利町万屋	〃　5.3.24	〃	笠利町教育委員会

（資料）「平成 10 年度 奄美群島の概況」より。

●民謡と踊り

奄美は民謡と踊りの盛んなところである。年一回開催されている民謡全国大会において、過去一三年で三人が日本一に輝いた。

民謡研究家の文秀吉によれば、奄美の古民謡は、万葉人の心に通じるもので、古典的価値が高い。また今日も生活の中で三味線や八月踊りで唄われ、その詩の心は庶民の血の中に受け継がれているという。さらに氏によれば、柳宗悦も「南島一体に万葉集の姉妹編といった歌謡が遺っている。万葉時代の雰囲気が現実生活の中に脈打っている」という意味の発表をされたと記している【文献1】。

表 8　国指定の奄美文化財

名　　称	所在地	指定年月日	種　別	所有者・管理者
アマミノクロウサギ	奄美大島・徳之島	昭 38. 7. 4	特別天然記念物	鹿児島県
ルリカケス	奄美大島，徳之島	大 10. 3. 3	天然記念物	〃
神屋・湯湾岳	住用村・宇検村・大和村	昭 43.11. 8	〃	農林水産省
アカヒゲ	奄美大島・徳之島	〃 45. 1.23	〃	鹿児島県
オカヤドカリ	南西諸島	〃 45.11.12	〃	所在市町村
オオトラツグミ	奄美大島	〃 46. 5.19	〃	〃
カラスバト	鹿児島県	〃 46. 5.19	〃	〃
オーストンオオアカゲラ	奄美大島	〃 46. 5.19	〃	〃
トゲネズミ (アマミトゲネズミ)	奄美大島	〃 47. 5.15	〃	〃
ケナガネズミ	奄美大島・徳之島	〃 47. 5.15	〃	〃
諸鈍芝居	瀬戸内町諸鈍	〃 51. 5. 4	重要無形民俗文化財	諸鈍芝居保存会
秋名アラセツ行事	龍郷町秋名	〃 60. 1.12	重要無形民俗文化財	秋名ヒラセマンカイ保存会
宇宿貝塚	笠利町宇宿	〃 61.10. 7	史跡	笠利町長他 7 名
与論十五夜踊	与論町宇城	平 5.12.13	重要無形民俗文化財	与論十五夜踊り保存会
泉家住宅	笠利町宇宿	〃 6. 7.12	建造物	泉　一郎

（資料）「平成 10 年度 奄美群島の概況」より。

二六〇年の薩摩藩の支配をくぐり抜け、薩摩化されることなく奄美の個性と伝統を守り通せたのには、民族の魂の所産である民謡の支えが大きかった。この時代には特に、黒人哀歌にも通じる悲歌哀音が多くつくられ、唄われたらしい。圧政へのレジスタンスとして、不法な要求を一蹴したり、藩役人を駆逐する歌、また与人(役人)等の横暴や隠れた行状を諷刺する歌などが唄われたようである。歌の数は、一説には一五〇曲、三〇〇種以上にのぼったといわれている。

一方、踊りは、八月踊り、稲摺り踊り、六調(手踊り)、与論十五夜踊りなどがよく知られており、これもまた日々の生活の中に生きている。

●文化財

奄美には、市町村レベルの有形・無形の民俗文化財、記念物など四二二種の指定文化財がある。県および国指定の文化財を表6～8に示した。

国指定文化財のうち、アマミノクロウサギは特別天然記念物であり、ルリカケスをはじめ七種の生物が天然記念物となっている。重要無形民俗文化財の諸鈍芝居は平家ゆかりの芝居である。また、秋名アラセツ行事と与論十五夜踊りも重要無形民俗文化財となっている。秋名アラセツ行事とは、年初に稲魂を招いて秋の豊作を予祝する類感呪術の行事で、龍郷《たつごう》町秋名集落のヒラセマンカイ保存会が伝承保存している。

なお、奄美の伝説や民話には、本土から伝わったもの、南の沖縄から伝わったもの、また独自のものがあり、為朝の伝説、平家伝説、奄美の英雄伝説などがよく知られている。

7――生計を支える産業

第三次奄美群島振興開発計画は平成六年から始まった五箇年計画である。この計画には、経済の自立的発展と、就業機会の確保および所得の向上を図るために、亜熱帯性、海洋性等の自然的特性を生かした農林水産業の振興や、個性のある観光・リゾートの開発、および特産の大島紬などの地域産業の振興が掲げられている。

表 9　奄美群島の耕地と農家（平成 9 年）

島　名	耕地面積（ha）	耕地率（%）	農家人口（人）	農家戸数（戸）
大島本島	2 253	2.7	7 959	2 991
喜界島	2 130	37.5	2 654	846
徳之島	6 960	28.1	10 576	3 724
沖永良部島	4 590	49.0	6 698	1 998
与論島	1 050	51.2	3 570	955
合　計	16 983	13.7	31 457	10 514

（資料）「平成 10 年度 奄美群島の概況」より抜粋。

●農業

奄美諸島は、四季を通して作物の成育に適した条件に恵まれている。一方、病害虫の多発、台風や季節風による農作物の被害も多い。

農業の基本となる耕地面積は、総面積の一三・七％である一万六九八三ヘクタールである。ちなみに、生き物の多い大島本島の耕地率は二・七％で、徳之島が二八・一％である。また、農家の人口は約三万一五〇〇人である。

平成九年度の作付面積をみると、サトウキビがほぼ六割を占め、次いで野菜、飼料作物、果樹、花卉となる。生産額は、サトウキビが約三〇％、次いで花卉二六％、野菜二一％、肉用牛一三％で、総生産額は二六八億六三〇〇万円。平成八年度における農家一戸当り生産農業所得は一二四万円である。

以上のように奄美の農業形態は、サトウキビを基幹作物として野菜等の園芸や畜産を加えた複合経営である。サトウキビの生産は、就農者の高齢化のために年々減少の傾向にある。

●水産業

奄美諸島の西方一六〇キロ付近に黒潮の本流があり、列島に並行して北東に進んでいる。その幅は一〇〇～一一〇キロ、層の厚さは四〇〇メートル程度とされている。黒潮の消長は、魚群の回遊に大きな影響を与える。また、東側に黒潮の反流があり、大島北部はこの影響を強く受ける。奄美の気候は、これらの暖流の影響もあって温暖多湿、平均気温は二〇～二二度、雨量も例年三〇〇〇

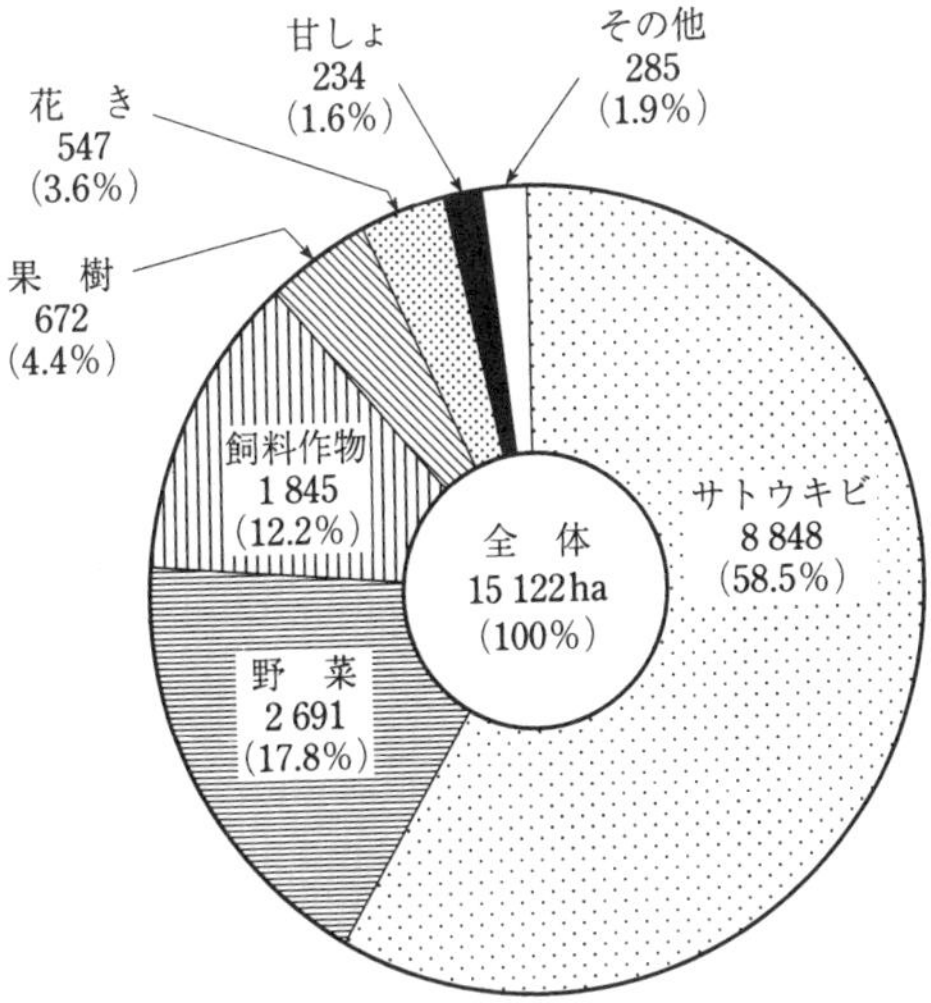

図 5　主要作物の作付面積と割合（平成 9 年実績）

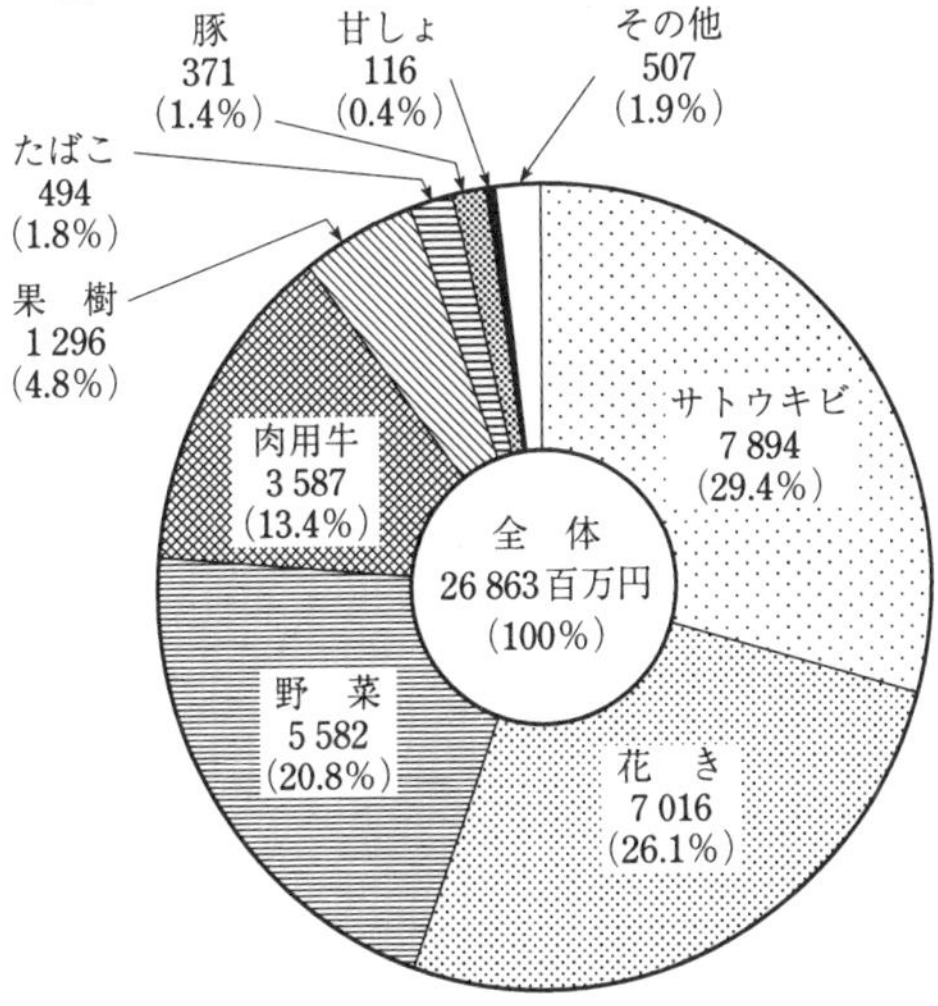

図 6　主要作物の生産額と割合（平成 9 年実績）

表 10　漁船漁業による生産量と生産額（期日：平成 9 年 1 月～12 月）

魚　種	平成 9 年		平成 8 年		摘　　要
	生産量（t）	生産額（千円）	生産量（t）	生産額（千円）	
魚　　類	4 151	2 398 865	3 650	2 278 782	アジ，カツオ，マグロ，タイ，サメ，トビウオ，サワラ，ブリ，瀬物，その他
水産動物	277	346 367	235	296 960	イカ，エビなど
貝　　類	22	18 127	20	20 016	夜光貝，その他の貝類，ウニ類
藻　　類	8	2 884	4	1 644	アオサ，その他の海藻類
合　計	4 456	2 766 243	3 909	2 597 402	

（資料）「平成 10 年度 奄美群島の概況」抜粋。

ミリ程度に達する。海水温は、最高二八・一度、最低二〇・七度となっている。

奄美諸島は周辺をサンゴ礁に囲まれ、近海には天然礁が散在する。このため、好漁場が形成され、カツオ、マグロ、サワラ、トビウオ、アジ類等の浮魚、ムツ、ハマダイ、アオダイ等の瀬物類、イセエビ等の資源に恵まれている。カツオ、マグロ類の生産は、近年設置された浮魚礁の効果で増えている。

一方、有利な自然を生かして、マベガイを主体とする真珠のほか、魚類、クルマエビ、モズク、ヒトエグサ等の養殖が行われている。養殖の場合には、病気の発生が生産に大きな影響を与える。

平成九年は、漁船漁業、養殖業ともに、生産量と生産額の両面で平成八年を上回っている。平成八年の総生産額は約一〇七億四六〇〇万円、同九年は約一三〇億二七〇〇万円である。なお参考までに記すと、漁業就業者総数は一四四七人(平成五年十一月一日現在)、平成九年度末漁業協同組合数が一三

表 11　養殖業による生産量と生産額

魚種	平成9年		平成8年		摘要
	生産量(t)	生産額(千円)	生産量(t)	生産額(千円)	
真珠(kg)	1	3 287 466	1	1 237 356	(8業者)
魚類	5 665	5 456 131	4 592	6 027 499	マダイ,トラフグ,カンパチ,(13業者)
クルマエビ	237	1 410 499	130	830 941	(13業者)
モズク	17	6 676	16	7 030	
ヒトエグサ	32	100 000	17	4 550	
合計	5 951	10 260 772	4 755	8 148 326	

（資料）「平成10年度 奄美群島の概況」抜粋。

で、正組合員数は一〇五七人、準組合員数が二一〇四人と報告されている。

●林業

森林は総面積の六七％（八万二七三一ヘクタール）を占め、その九七％は大島本島と徳之島にある。特に大島本島南部四ヶ町村の森林は、総林野面積の五九％を占め、林野率八九％と高い。

民有林の占める割合は、鹿児島県（平成七年度）七三％、全国（同年度）六九％に比べ、奄美は九〇％と大きい。このため入会林野等が多く、権利関係が複雑で、林業経営の近代化を阻害している。

奄美では、森林の蓄積は一〇八〇万立方メートルで、そのうちの九一％（九八〇万立方メートル）が民有林にある。その六七％はイタジイを主体とする広葉樹で、残りの三四％が針葉樹である。針葉樹はリュウキュウマツが主体で、スギ、ヒノキは少ない。

表 12　大島紬の年次別生産反数・生産金額

（期間：各年 1 月～12 月，単位：反，千円，%）

区分 年次別	生産反数		生産金額	
	反　数	前年比	金　額	前年比
平成 3 年	113 594	90	9 188 458	93
4	95 292	84	7 602 474	83
5	78 731	83	6 228 943	82
6	67 640	86	5 392 540	87
7	62 755	93	5 027 290	93
8	60 631	97	4 865 482	97
9	55 441	91	4 486 694	92
10	49 828	90	4 033 469	90

（資料）　大島支庁商工課。

平成九年度の林業生産額は、約一一億三〇〇〇万円で、郡民経済に寄与するところは極めて大きい。奄美の林業にとっては、リュウキュウマツと広葉樹資源の活用技術の開発、大島紬染料原木のシャリンバイの造成、シイタケやソテツ生産団地の育成、森林病害虫防除（マツクイムシ）が課題とされている。

狩猟登録者は、甲種（わな）、乙種（銃）、丙種（空気銃）合計で四一七名（平成九年度）、リュウキュウイノシシを一五二八頭捕獲している。このうち、大島本島での捕獲数が一四〇一頭で、約九二%を占めている。

●**商工業**

奄美諸島の平成九年の商業は、商店数が二七九五店、従業員数が九〇四五人、販売額は一六八六億円であった。鹿児島県全体に占める割合は、それぞれ九・八%、六・三%、三・七%であり、規模は極めて零細といえる。

一方、工業に目を向けると、同じく平成九年の数字で、八五二の事業所があり、従業員数は三二一七人、出荷額は三九一億円となっている。業種別にみると、総事業所の六六・四％を繊維工業が占め、伝統産業である本場大島紬に特化している。そのほか、製糖業を中心とする食料品製造業が一六・四％を占めている。

大島紬の起源は約一三〇〇年前（西暦六六一年、天智天皇）にまでさかのぼる。これは、わが国の染色織物の中で最古であり、文化財的にも貴重である。また、古代染色技術と民芸品的古典の渋味は、現在も高い評価を得ている。

表 13　平成 8 年度郡内総生産（産業別，百万円）

一次産業	農　業	16 853	21 749
	林　業	685	
	水産業	1 211	
二次産業	鉱　業	2 342	68 961
	製造業	17 259	
	建設業	49 360	
三次産業	電気・ガス・水道業	9 124	245 567
	卸売・小売業	26 570	
	金融・保険業	12 203	
	不動産業	36 741	
	運輸，通信業	28 939	
	サービス業	58 431	
	政府サービス生産者	65 778	
	対家計民間非営利サービス生産者	7780	

（注）　郡内総生産 3 251 億 4 400 万円。

大島紬の生産は、明治の文明開化期に技術の改善が進み、大正末期に最盛期を迎えた。昭和二年には、鹿児島県工業試験場大島分場として大島染織指導所（現大島紬技術指導センターの前身）が設置され、技術の研究と指導が行われた。

戦時中には衰微したが、昭和二八年本土復帰後に産業開発整備が進み、昭和三一年、泥藍染、絣の藍の抜染技術、多色の大島紬の研究に成功、時代にマッチした模様柄が生産されるようになった。折からの高度経済成長期に需要が大幅に伸び、島の基幹産業としての地位を得るに至った。しかし、昭和四七年をピークに、安定経済成長、和装需要の低迷等で生産が減少、特に昭和六〇年以降は大幅な減産となり、基幹産業の座をはずれた。現在は消費者ニーズの多様化への対応が迫られている。

平成八年度における一次、二次、三次産業の郡内総生産額は三二五一億四四〇〇万円であった（表13）。

第2章

天の恵みと地の恵み

アマミトゲネズミ（撮影　Ⓒ越間　誠

人はとかく足下が見えにくい。奄美において何が貴重で、それらをどう守り、どう活かしていくべきかを解明するために、ここでは自然が織りなす奄美の地域特性とは何かを考えてみたい。

1――亜熱帯の北限、常夏の地域

霧深い早朝の羽田空港から、奄美大島行・六時半発の飛行機に乗る。四時起きのためまぶたが重い。

「高度七千メートルに達しました。一路奄美大島に向けて飛行中」のアナウンス。座席を倒してくつろぐ。窓外を流れる雲海を眺めているうちに、いつしか夢の中。ときどき、右手に富士山、足摺岬、佐多岬の声がうつろに聞こえる……。

どれほど経ったのだろう。

「着陸体勢に入ります。座席を起こして、ベルトをしっかり締めてください」アナウンスに目が覚めて、座席を戻しながら驚いた。「寝ている間に天国に来たか……」と。窓の日射しが違うのだ。

午前九時、飛行機のエンジンが停止した。澄みきった青空に、紺碧の澄んだ海、緑の陸地、白く輝いたサンゴの砂浜、島を囲むサンゴ礁。地に降り立つ。暖かだ。心身が癒される。ここが常夏の島、奄美だ。

学校の教科書では、サクラの花は四月に咲く。奄美では、早い年には、ウメや緋寒桜の花やウグイスを見ながら正月を迎える。一月、二月は、冬しぐれで年間で最も寒い季節。日照率も年間で最小の一九％。年間最低気温（名瀬）は、一月に一一・三度、二月に一一・七度である。明治三四年（一九〇一）二月一二日に最低気温の極値三・一度の記録がある。

奄美では、北風を「西風《にしかぜ》」と呼ぶのが慣わしである。西風が吹いても雪を知らない。日中の最高気温は二〇度前後で暖かだ。太陽のような真っ赤なハイビスカスやブーゲンビリヤが年中咲いている。

二月、統計的に霰《あられ》の降る回数の多い月だが、上旬頃には、スモモの真っ白な花が開き、タンカンや冬実パッションの収穫が終り、ビワの摘果、袋がけも忙しい。下旬になると、桜流しの風雨がきて、サクラの花も新芽に代わり、田植えが始まる。

奄美の春は早い。三月に入ると、気温も上昇、日照時間も増し、晴れの日が多くなり、汗ばむ。平均気温が二〇度になると、動物が活動を開始し、植物が芽を吹き出す季節、「きぶつめ（木萌芽）」の到来である。毒蛇ハブも活動期に入る。この頃の温暖な南風を「はえかぜ」と呼ぶ。

三月中旬頃から吹く「はえかぜ」を特に「とりばい（鳥南風）」といい、渡り鳥のヒヨドリがこれに乗って北上してくる。川や海の水もゆるみ、海辺の水たまりには小魚が戯れ、浜はアオサで緑の絨毯と化し、岩場をスノリが覆いつくす。

テッポウユリの開花が四月を告げる。奄美の山は、広葉樹林のシイやイジュの多い地域だが、それらの花もまばゆい。針葉樹のリュウキュウマツも花粉を飛ばす。草木の若葉が一斉に萌える時期である。移動性高気圧や帯状高気圧に抱かれ、天候が安定して晴天が続く。四月の下旬には、日中の最高気温の平年値が二五度を超え、夏日が多くなる。初夏である。その後、梅雨の走りが顕著になる。

奄美では、梅雨のことを「ながし（長雨）」と呼ぶ。奄美の梅雨入りは、本土よりおよそ一ヶ月早い。平年の入梅は五月中旬前半、梅雨明けは六月下旬後半。この時期、大陸からの移動性高気圧と、太平洋高気圧の間を梅雨前線が東西に停滞する形となり、前線の活動が活発となる。

六月に入ると、一時梅雨前線が北上し、中晴れになる。この頃、日中の平均気温が二五度を超え湿度も七五％以上になり、蒸し暑さが増してくる。六月中旬から下旬にかけて梅雨の最盛期となり、この時期に集中豪雨に見舞われることが多い。日中の最高気温の平年値が三〇度を超えて真夏日となり、湿度も一年中で最も高く、名瀬では、平均湿度の平年値が五月七八％、六月八〇％で、日中の蒸し暑さがピークになる。また、最低気温が二五度以上の蒸し暑く寝苦しい熱帯夜が多くなり、さらに湿度も八〇％を超えるので、不快指数が高くなる。

梅雨の末期には、大雨とともに発雷し、前線が北上して梅雨が遠のく。この頃の梅雨明けにかけての南風を「あらばえ（新南風）」と呼ぶ。山々の緑は一段と深くなり、夏特有のクマゼミが鳴き始める。四月にビワ、五月にスモモ、六月に甘い香りのパッションフルーツの収穫が始まる。

奄美諸島各地の五月、六月の梅雨期の降水量の平年値を平均すると六二四・二ミリ、名瀬で七二五・九ミリである。

うっとおしい梅雨の中で、いつの間にか真っ赤なデイコの花が咲く。デイコ（マメ科の落葉高木）は沖縄県の県花で、方言では「デイゴ」という。「デイゴ」の花は梅雨上りのお告げである。また「デイゴの花が満開の年は台風が強い」という言い伝えもある。

太平洋高気圧が勢力を増し、梅雨前線が北上した後、しばし水平線や山際に入道雲（積雲）がみられるが、二、三日もすれば、真っ青な夏空が眩しく晴れ渡り、猛烈な日照りとなる。「梅雨明け一〇日は晴天が続く」といわれるとおり、梅雨期の晴天率一〇～三〇％に対し、梅雨明け一～二週間の晴天率は四〇～五〇％である。ちょうどこの頃、たわわに実った完熟夏実のパッションフルーツが収穫の最盛期となる。本格的な夏の訪れである。うなるような暑さの中で、パッションフルーツのやや酸味のある果汁と甘い百香は、心身をリフレッシュさせてくれる夏場の絶好な果物だ。ちなみに、台湾ではパッションフルーツを百香果という。パッションフルーツの香り成分は二五〇種類がわかっている。

七月は、一年中で最も天気が安定、晴天日が多く、日照時間も最も長い。この日射しの強い時期を、奄美の古老たちは「ろっかつひでり」（旧暦の六月日照り）と表現する。この時期は、亜熱帯性海洋性気候の特徴を最大限に発揮していると言える。七月中旬頃、年間最高気温が現れ、熱帯夜日数もピークとなる。奄美の一年間の熱帯夜日数は、鹿児島や東京の二倍から四倍と多い。

二月下旬頃根付けたイネは、この頃に刈入れが始まる。日は長く、午後七時半頃まで明るい。昼間の気温は常に三〇度以上であるが、この時期は意外と湿度が低いので凌ぎやすい。ガジュマル、

表 1　各地における真夏日と熱帯夜の月別日数の平年値

都市＼月	5	6	7	8	9	10	11	全年
東京	0.3	1.8	14.1	21.8	6.6	0.1	—	44.7
	—	0.2	5.4	11.1	1.5	—	—	18.2
鹿児島	0.3	5	23	27.6	13.9	0.9	—	70.7
	—	1.2	10.8	12.1	2.8	—	—	26.9
名瀬	2.1	11.9	27.6	26.7	17.4	2	—	88.1
	0.2	7	20.5	18.6	8.1	0.8	—	55.2
沖永良部	0.1	7.5	24.7	23.1	14.9	1.1	0.1	71.5
	0.1	9.6	24.9	26.3	17.2	3.4	—	81.6
那覇	1	11.7	26	24.2	17	1.9	—	81.7
	0.8	12.8	25.9	24.8	17	2.2	—	83.5

（注）　上段：真夏日数，下段：熱帯夜日数。
（資料）「平成10年度 奄美群島の概況」より。

デイゴやアダンの木蔭などが、絶好の憩いの場となる。

　この時期の雨は、亜熱帯ならではのものがある。真っ青に晴れ上がった空に、みるみる間に積乱雲が発生したかと思うと、間髪を入れず集中豪雨となる。いわゆるスコールだが、奄美では「かたぶり」と呼んでいる。「夏の日の雨は馬の背を分ける」というが、ここで降っていても隣りの集落では一滴も降らない、いわゆる「片降り」を表現した言葉であろう。

　台風の来襲もこの季節が最も多い。七月、八月にかけて接近または通過する台風の平年値は、九・七個である。図1からわかるように、奄美は台風の「道の島」、通り道でもある。

　ありがたくはない台風ではあるが、夏場に雨らしい雨の降らない地域では、一面で天の恵みでもある。奄美では年間降水量の約二〇%を台

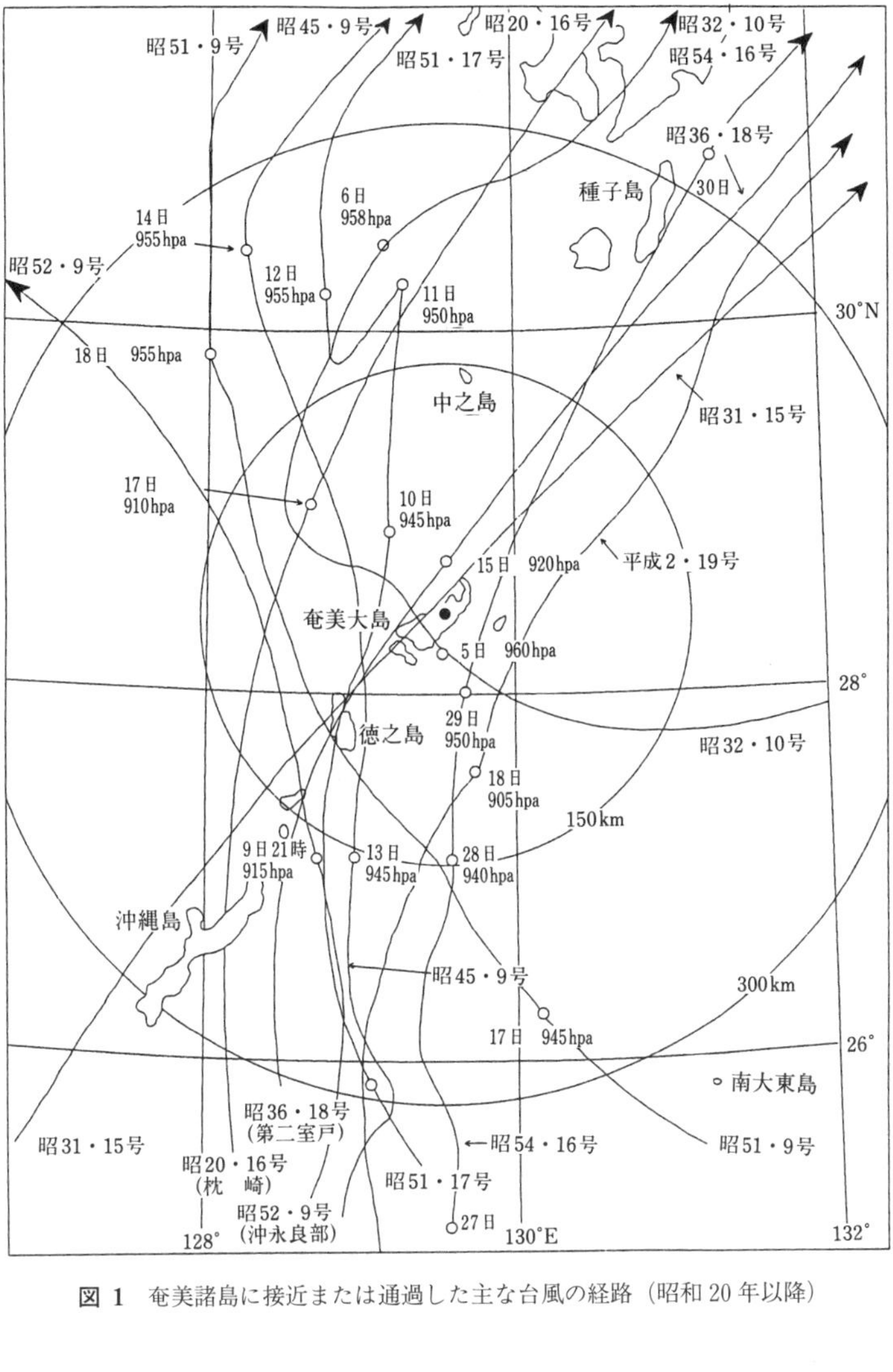

図 1 奄美諸島に接近または通過した主な台風の経路（昭和 20 年以降）

風がもたらす。しかも、雨のほしい七、八月から秋場にかけて集中する。もしこの訪問者がなければ、台風で受ける被害以上の損害が生じると考えるべきだろう。台風の寄り道がなければ、おそらく「黄金の生物資源王国」もまたない。このことは特に言及しておきたい。

季節感を与える気象要素は、日照、気温、湿度、風速、降雨などと考えられているが、その基本は、高気圧と低気圧、寒冷前線と温暖前線とが作りだす作用である。これにエネルギーと水を保有する台風が加わり、より繊細、豊かな気象条件を織りなしている地域が奄美である。このため、大島本島は四季を通じて温暖多雨、山にも恵まれ、年間二八〇〇ミリ以上の雨が降る日本有数の多雨地帯である。もし台風の来ない乾燥期があったなら、遠い昔にハブは絶滅したであろう。またもし、台風が風と波で海水温度を下げずに一〇年間も海水温度が上昇したら、サンゴが白化（死滅）し、奄美諸島、広くは南西諸島にサンゴ礁はなく、沢山の魚類を育むこともなかっただろう。このように考えると、天の恵みが豊かな地の恵みをもたらしている。

さて八月から九月に入ると、気温も徐々に低下するとともに、熱帯夜の日数も次第に減ってくる。秋とはいえ中旬頃までは残暑が厳しく、日中の最高気温の平年値が三一度を超える真夏日が続く。しかし、太平洋高気圧が弱まり、秋雨前線が現れると、風は北東から東の風が多くなり、それにともなって気温が下降、十月にかけて真夏日や熱帯夜が解消されてくる。九、十月の台風の来襲平年値は九・二個で、特に九月に猛烈な台風が来襲しやすい。この季節は、平均的に晴れの日が多く、晴天率五〇％以上で、絶好の運動会シーズンである。

仲秋前後（旧暦の八月一五日）、豊年祭が盛大に開催される。秋の実りを感謝し、来年の五穀豊穣を祈念する祭りである。神屋で巫女が厳かに神事をとり行った後、まわしをつけた幼少青壮年団と、お盆を頭上にのせた女子団が行列を組む。お盆には新米でつくった握り飯が盛られている。境内に設けられた土俵には「ちぢん」（太鼓）や指笛、声援に送られて力士たちが上り、相撲大会が始まる。月の出る頃には、祭りは八月踊りに変わる。

最近は過疎高齢化で、豊年祭も都会からの帰省者に合わせて夏休みに開催するところが多くなり、昼間の船漕ぎ競争、夜の花火大会などとともに、夏の風物詩になりつつある。

また、この季節は、グアバ（バンジロウ）、ザボンなどのミカン類、カキなどが熟する時期で、人の心を一層豊かにする。

十月初めの頃、北の大陸から高気圧が南下し、一時的に冬の北風が吹く。これを奄美では、「みーにし（新北風）」と呼ぶ。この新北風に乗って渡り鳥のサシバ（奄美では鷹と呼ぶ）が飛来する。ススキも一斉に開花して野山が銀色の穂で埋めつくされる。サクラ前線が南からの使者なら、ススキ前線は北からの使者である。

十月下旬から十一月初旬にかけて穏かな晴天日が続く。海上も穏かで、釣り糸が朽ちてしまうほど漁ができるという意味で「のうくた（糸朽）」と呼ぶ日々があるのもこの時期である。この後、北から寒気が流れ込み、気温が急速に下降する。十一月の日中の最高気温（名瀬）の平年値は二五度以下となり、夏日が少なくなる。

表 2　奄美（名瀬）における季節の分類（本土との比較）

日平均気温	季節	名瀬・月日	摘　　要
5℃になる日	早春	なし	
10　〃	春	なし	
15　〃	晩春	2月16日	
20　〃	初夏	4月14日	夏日（日最高気温が25℃以上
25　〃	夏	6月12日	の日）の期間は
25℃以下になる日	初秋	10月 1日	九州各地＝60前後（約2月）,
20　〃	秋	11月15日	奄美＝112日（約3.7月）
15　〃	晩秋	12月29日	
10　〃	初冬	なし	
5　〃	冬	なし	

（資料）「平成10年度 奄美群島の概況」より抜粋。

十二月に入ると、大陸からの発達した移動性高気圧が張りだし、冬の季節風の到来となる。西高東低の冬型の気圧配置となり、寒気をともなった強風とともに空気が乾燥してくる。下旬になると、クリスマス寒波や年末寒波、小雨混じりの強風が横殴りに吹き付け、曇りや雨の日が多くなる。一月の初めには、移動性高気圧に覆われ晴れた日が続く。

　こうして季節は再びめぐり、新年を迎えるが、亜熱帯、常夏の島の気候と温帯の本土との気候が具体的にどのように異なるかを、本土における季節の分類法に準じ、すなわち、日平均気温の統計値から五度おきに分類して比較してみると、表2のとおりである。

　一九六一年から三〇年間の統計によると、日平均気温が一〇度以下になる日がない。このため、本土の早春、春、初冬、冬に該当する季節が奄美にはなく、晩春に始まり晩秋に終わる。さらに日最高気温が二五度以上の夏日は、奄美で一一二日、九州各地で六〇日前後であり、奄美には本土の約二倍の夏日があることになる。

奄美にも新芽や紅葉の時期があるけれども、春冬知らずの常夏の島のイメージを読み取ってもらえたのではないだろうか。

2――四方海の道の島

●奄美諸島の生立ち

奄美諸島を含む南西諸島は、約二億五〇〇〇万年前にはほぼ現状と似た形で四方海に囲まれていたとされている。

約一〇〇〇万年前には、中国大陸南部から、現南西諸島を取り込んだ形で弓状に、鹿児島大隅半島から宮崎、大分、四国、本州へと陸続きとなった。一方、東シナ海は、日本海側の対馬海峡が開いており、湖のような内海となっている。

さらに約一五〇〇万年前になると、日本海側が朝鮮半島と陸続きとなり、他方屋久島と奄美間が分断、東シナ海が内海となった。また、約一〇〇〇万年前には、本州西部・九州北部は朝鮮半島と陸続きになったが、海域が広がり、陸地が狭まっている。一方、南西諸島側は沈降、隆起が繰り返され、高地部分が屋久島、奄美大島、徳之島、沖縄、石垣島および西表島となり、低地部分は海中に沈んだ。また、サンゴ礁が発達して喜界島、沖永良部島および与論島などが形成された。

このように奄美諸島の地形は、気の遠くなるような地質学年代でみると、紆余曲折して今日に至ったわけだが、この間を要約すると次の三つのタイプに分けられる。

①中国大陸と日本本土とが陸続きとなって、そのかけ橋となった年代（一〇〇〇万年前）

②中国大陸とは陸続きで、日本本土とは種子屋久と奄美間で分断された南西半島の突端時代（一五〇万年前）

③中国大陸とも日本本土とも分断され、かつ各島々が孤立、四方海となった年代（一〇〇万年前）

①の頃には、日本本土から南下する生き物も、中国大陸から北上する生き物も、ともに奄美を道の島として往来したであろう。しかし、東シナ海が湖的な存在で、道の島の西岸が海に洗われていたので、太平洋側と気温差があった。また、黒潮本流が西方を北進している今日の奄美と比べれば、気温も低かった、と推察される。したがって、熱帯・亜熱帯の生き物が暖帯・温帯を往来すること

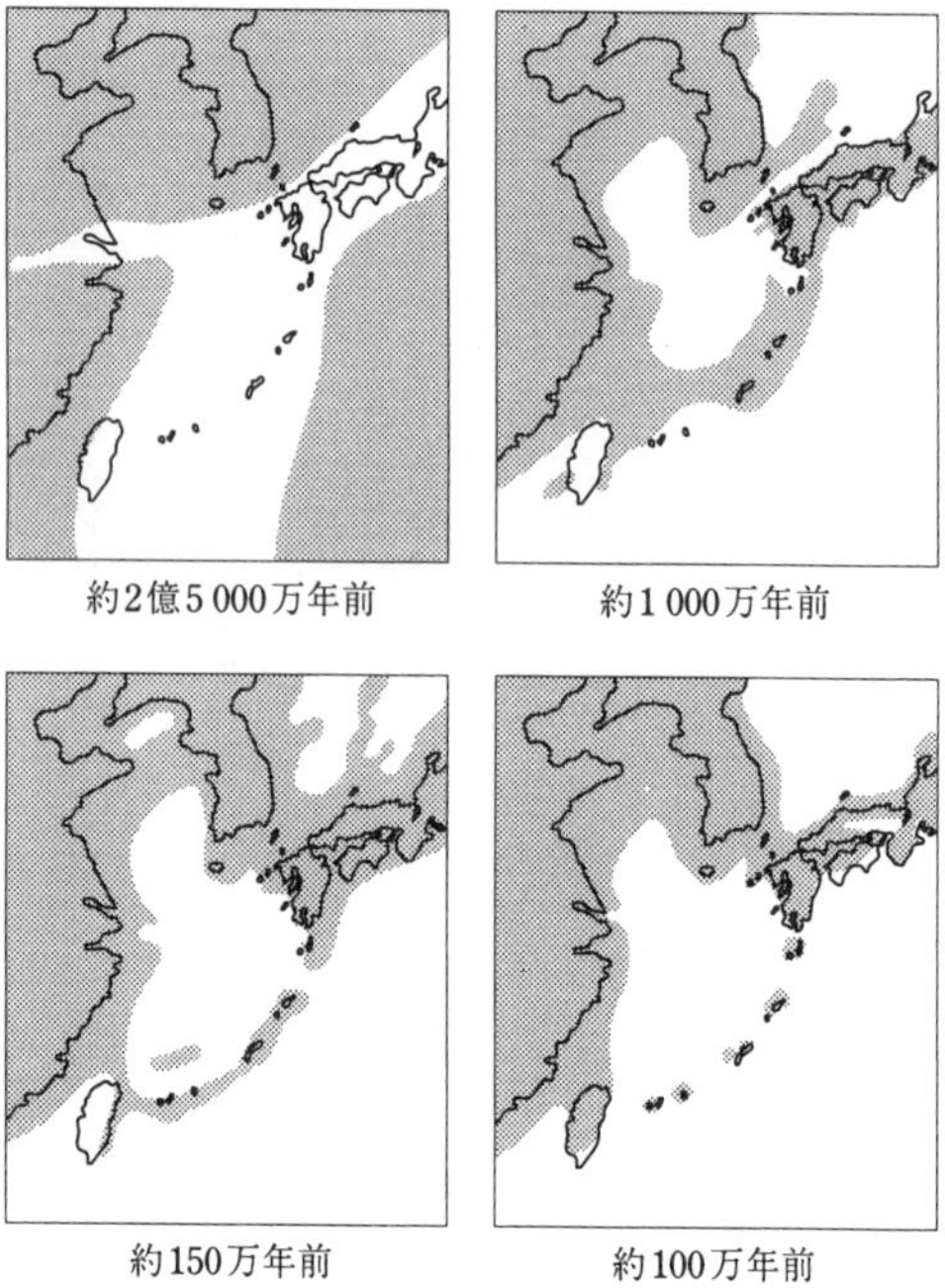

図 2　南西諸島の生い立ち（木崎甲子郎「琉球の自然史」）

は制限されたと思うし、同様にまた、日本本土から南下を図る生き物にも制限があったに違いない。

②の頃には、本土から南下する生き物たちは種子島・屋久島止まりとなり、中国大陸から北上する生き物たちは奄美止まりにならざるを得なかった。もっとも、蝶や鳥のように飛べる生き物たちならば、「にしかぜ」（北風）や「はえかぜ」（南風）に乗って往来が可能である。しかし、例えば暖帯と亜熱帯との夏日の差などへの適応といった遺伝的な適者生存の原則があるため、行動範囲の拡大はやはり制限されたのではないか。また、種子・屋久と奄美を隔てる海は、深度一三〇〇メートル以上にも及ぶが、これによって潮の流れや海水温も南北で落差が生じると推察される。

③の頃には、南西半島全体に拡散して生息していた生き物たちは、半島の海面沈下にともない、徐々に陸地を求めて移動せざるを得なかった。こうして陸地には種々の生き物たちが集まり、密度が高くなった。生存競争が始まり、その結果、中には絶滅するものもあったに違いない。気温の変化に耐えられず絶滅したものもあったはずだ。生態系の変化や環境変化に適応できた生き物たちが生き残った。このような変遷が、今日狭い陸地に多種多様の生き物たちが生息しているゆえんであろう。

●道の島

奄美諸島を含む南西諸島の点在する島々は、周囲から遮断された孤島であったがため、固有な種類の生き物たちを育んでいる。

奄美の島々は「道の島」といわれるとおり、南方と北方の生物や文化が海路を通じて交流する際の中継基地としての役割を担った。このような道の島に沿って伝播した生き物の中には、広い大陸などでは絶滅を余儀なくされたものが、たまたま天敵もなくて生き延びることもある。島にやってきた生き物の中には、人間の往来にともなわれたものもあっただろう。

他方、海に目を転ずれば、各島の沿岸に二〇度前後の海水が流れ込み、サンゴ礁が発生、多種多様なプランクトンや海草、魚類等が繁殖した。こうして今日熱帯魚、瀬物としての豊かな魚類などにも恵まれ、また暖かな黒潮本流によってカツオやマグロなどの回遊魚にも恵まれている。

奄美諸島は、こうして水陸ともに生き物たちの宝庫となっている。

3――いろいろな生き物を育む宝島

序文でも述べたように、著者は、一九八〇年、奄美にバイオテクノロジーの資源としての生き物たちが生息するのではないかと考え、以来それらの情報の収集に努めてきた。その結果、類いまれな貴重な生き物たちの宝庫であることを再発見した。ここでは、それらの概要を述べてみたい。

●国指定の天然記念物

前述（26頁）のとおり、国が指定している奄美文化財の中に天然記念物がある。

アマミノクロウサギは特別天然記念物で、ほかにアマミトゲネズミ、ケナガネズミなどの哺乳類、ルリカケス、アカヒゲ、オオトラツグミ、カラスバトおよびオーストンオオアカゲラなどの鳥類、ならびにオカヤドカリなどの天然記念物類がある。

面積約七二〇平方キロの奄美大島本島および二四八平方キロほどの徳之島に、これだけの貴重な生き物たちが生息しているのだ。これは他に例をみない。

また、これらの生き物たちが住み家としている原生林の湯湾岳一帯も天然記念物として指定され、手厚く保護されている。これらの生き物たちの食物連鎖を考えた場合に、それを支えるには計り知れない他の動植物の生息が推察される。

●アマミと名のつく生き物たち

調査中に、生き物の学名で「アマミ」と名のつくものが多いことに気づいた。それは、アマミにだけ生息するとか、アマミで発見されたなどの理由による。ほとんどは固有種である。

動物……アマミノクロウサギ、アマミトゲネズミ、アマミヤマシギ、アマミヤマガラ、アマミヒヨドリ、アマミシジュウガラ、アマミコゲラ、アマミアオガエル、およびアマミタカチオヘビ、など。

植物……アマミスミレ、アマミフユイチゴ、コバノアマミフユイチゴ、アマミイナモリ、アマミアラカン、アマミエビネ、アマミシマアザミ、アマミセイシカ、アマミヒサカキ（またはオオシマヒサカキ）、アマミヒイラギモチ、アマミアオネカズラ、アマミイワウチワ、アマミザンショウ、アマミテンナンショウ（またはホソバテンナンショウ）、アマミカタバミ、アマミシダ、など。

そのほか「オオシマ」「カケロマ」「ウケ」「トクノシマ」「ユワン」など、奄美諸島や地名などに由来する植物の和名がある。それらもほとんどが固有種となっている。もちろん、固有種の中にも名前に「アマミ」などの付かないものも多数ある。

●生物相の境界線

イギリスの博物学者ウォーレス（一八二三～一九一三）は、動物相から世界の陸地を六つの区域すなわち新北区、旧北区、新熱帯区、エチオピア区、東洋区およびオーストラリア区に分けた。これを動物地理区という。

日本列島は、南北六千キロに及ぶが、二地区にまたがった動物地理区があるのは鹿児島県のみである。

鹿児島県は、トカラ列島（宝島）以北の旧北区と、奄美大島以南の東洋区にまたがっている。動物学者の渡瀬庄三郎（一八六二～一九二九）は、一九一二年に動物相の違いからこの境界線を確認した。今日、この境界線は特に「渡瀬線」と呼ばれている。この線を境にして南北に生息する両生類、爬虫類、哺乳類は全く異なっている。その後の調査で、植物相にも渡瀬線が適用できることが判明し、今日ではすべての生き物に適用できることが知られている。鹿児島県は、両区の動植物相を持つ貴重な地域である。

●奄美諸島は東洋のガラパゴス

ガラパゴス諸島は、南米エクアドルの西方海上約千キロに点在する大小一五の島からなり、東太平洋赤道直下の火山性の島々である。

進化論で知られたダーウィンが、一八三五年にこの島々で動植物を観察したことで歴史にその名をとどめている。ダーウィンは、体重二〇〇キロの陸性のカメ（ゾウガメ）、海藻類を主食とするウミトカゲ、翼が退化したコバネウ、虫をほじくり出して食べるダーウィンフィンチ、赤道直下の熱い島に住むガラパゴスペンギン、アシカやアザラシ等、珍しい固有種に注目した。彼の有名な進化論は、それらをヒントにして提唱されたといわれている。ガラパゴス諸島は生物学上それほど貴重な地域である。

ガラパゴスと南西諸島の動物相には次の共通な点が知られている。

①世界中で固有種、固有亜種が多い。
②大陸の動物群が欠落している。
③それぞれの諸島内で、島ごとに異なる種類がみられる。島内で独自の進化を遂げている。
④大陸では考えられない弱い生物が繁茂している。

なお、学術的な価値では、南西諸島がガラパゴスを上まわるといわれる。

大嶺哲雄は、ガラパゴス諸島と南西諸島との相違や類似性などを次のように述べている【文献21】。

まず島の数は南西諸島八二に対し、ガラパゴス諸島は一五と少ない。しかし全面積は、逆にガラパ

表 3　ガラパゴスと南西諸島の比較

項　目	ガラパゴス諸島	南西諸島
島の数	15	182
全島の面積（km^2）	7 800	3 572
地　史	火山活動による島形成	サンゴ形成，隆起，沈下で島形成
大陸からの距離（km）	南米大陸より 1 000	中国大陸より 1 000
海　流	フンボルト海流（寒流） エルニーニョ，クロムウェル海流（暖流）	黒潮（暖流）
気　候	亜熱帯	亜熱帯湿潤，熱帯降雨林
動物相	・遺存種型分布 ・新熱帯区 ・大型で派手な動物	・遺存種型分布と移動型分布の特徴 ・東洋区主に旧北区従の混成地域 ・大型派手な動物いない
哺乳類，鳥類，爬虫類，両生類でみる固有種・固有亜種数（%）	13〜17 種/68 種 （20〜25%）	96 種/498 種 （約 19%）

ゴス諸島が約二倍となっている。一般に生物の種類数は面積に比例するが、哺乳類、鳥類、爬虫類、両生類などの種類は、南西諸島四九八種、ガラパゴス諸島六八種と、逆に南西諸島が多い。

動物相は、ガラパゴス諸島ではゾウガメのような大型で派手な動物が遺存種型分布しているのに対し、南西諸島ではリュウキュウイノシシが最大で、小型で目立たないが、遺存種型分布に移動種型分布が加わっている。これらは、東洋区と旧北区の混成地域の特徴を表しており、種類も多い。

それだけに南西諸島は、バイオテクノロジーの資源としての価値がさらに高まる。固有種率はややガラパゴス諸島が高いが、固有種、亜種の数は南西諸島が約六倍と多い。

気候は、亜熱帯地域ということで類似しているけれども、南西諸島は、亜熱帯性湿潤、熱帯降雨林にも恵まれ、それらが多種類の生き物を育む温床となっていると考えられる。

鮫島正道によれば、南西諸島を東洋のガラパゴスと呼んだのは佐々学や佐藤正春ら【文献15】であるが、氏は、南西諸島の一角を占める奄美諸島の動物相を永年調査研究した結果——後述するように南西諸島の中心的存在は奄美諸島という見方から——奄美諸島は東洋のガラパゴスであり、ガラパゴスは西洋の奄美と位置づけている【文献26】。

余談だが、日本のガラパゴスは小笠原という説もある【文献34】。

第3章

奄美の生き物たち

ケナガネズミ（撮影　Ⓒ濱田康作

奄美諸島が生物学上注目すべき地域であり、多種多様な生き物たちが生息していることはほぼ明らかとなったので、この章ではさらにその内容について述べてみたい。

1——なぜ生き物が多いのだろう

これについては、地理的条件、気候風土の温暖化および食物連鎖などから考える必要がある。

●地理学的条件

約一〇〇〇万年前に中国大陸と日本本土とが陸続きになった時代、そのかけ橋となり、多くの生き物たちが北上あるいは南下するための「道の島」としての役割を、奄美諸島が担っていた。ところが、約一五〇〇万年前に中国大陸の南西半島的存在となり(第2章図2参照)、その北限に奄美が位置し、生き物たちの行き場のない地域が出現した。さらに約一〇〇〇万年前に地殻変動、海面変動が活発になり、陸続きの低い部分が海面下に沈降するのにともない、そこに住む生き物たちは移動を余儀なくされた。こうして高い山の島に生き物たちが密生するようになったと考えられる。

四方海の孤島であるので、他からの天敵の侵入もなく、環境に適応しながら進化し、今日の移動種型や遺存種型の多くの生き物たちが見られる。

表 1　奄美の動物たちの主な食性

哺乳類	鳥　類	両生類	爬虫類
生イモ，クズの根，野草，ススキの穂，シイ・カシなどの実，果物， ミミズ バッタなど昆虫 カエルなどの両生類 ヘビなどの爬虫類 鳥類，卵 ネズミなどの小動物 エビ，カニ，ドジョウなど	草木の若芽，花，蜜，野菜，シイ・カシなどの実，果物， ミミズ バッタ，クモ，ガなどの昆虫 カエルなど両生類 ヘビなど爬虫類 鳥類，卵 ネズミなど小動物 エビ，カニ，ドジョウなど	ミミズ バッタなど昆虫 エビ，カニなど水生生物	ミミズ バッタ，クモ，セミなど昆虫 オタマジャクシ，カエルなどの両生類 ヘビなど爬虫類 鳥類，卵 ネズミ，ウサギなど小動物

（注）1．肉食の移入イタチとマングースがアマミノクロウサギや鳥類などの遺存種を絶滅させる危険が極めて大きい。
2．亜熱帯雨林の落葉床にミミズが繁殖，カエルが増殖，昆虫が多いことなどが，多種多様の生き物を育んでいる。

●気候の温暖化

湖のような内海の東シナ海は、南西半島の低い部分が海に沈降することによって黒潮の暖流が北上するようになった。このため温暖化が進み、寒暖の差も小さくなり、さらに梅雨期や台風によって多雨がもたらされた。この気候風土が多くの植物の繁茂をもたらし、多くの生き物を育んだ。

●食物連鎖

豊かな亜熱帯雨林には、微生物が繁殖し、ミミズや小動物、昆虫、両生類などが生き、さらにそれらを爬虫類、鳥類、哺乳類などが食べている。生き物は、生き物を餌食にすることによって生きている。奄美の生態系は、この食物連鎖が複雑に絡み合って形成されており、質・量ともに類をみない豊富さである。

すなわち、奄美の生物相の豊かさが多くの生き物たちの生存を可能にし、また多くの生物の生存が豊富な生物相を形成している。したがって、この微妙な食物連鎖からなる生態系を人為的に壊したりすれば、貴重な生き物たちの生存はたちどころに危うくなる。

2――奄美諸島の動物たち

ここでは、鮫島正道氏の著書「東洋のガラパゴス――奄美の自然と生き物たち」に基づき、奄美諸島の島別の動物相（哺乳類、鳥類、爬虫類および両生類）を紹介しておきたい。

●奄美諸島における動物の分布状況

奄美諸島では、哺乳類七科一五種、鳥類一九科三四種、爬虫類八科一九種および両生類五科一二種を確認している。四類の総計は三九科八〇種である。

それらを島別にみると、奄美大島＝七七種（約九六％）、徳之島＝六七種（約八四％）、沖永良部島＝四二種（約五三％）、与論島＝四一種（五一％）、喜界島＝三四種（約四三％）の順で、奄美大島にほぼ集約される。そこで、以後は、奄美大島の動物たちを中心に話を進める。

●奄美大島の哺乳類

七科一五種となっているが、イタチ科のホンドイタチとマングースを除けば六科一三種である。

表 2　奄美諸島産動物の分布状況

種　別	科	種	島別種の数				
			奄美大島	徳之島	喜界島	沖永良部島	与論島
哺乳類	7	15	15	12	4	7	7
鳥　類	19	34*	34	29	18	21	20
爬虫類	8	19*	16	16	8	10	10
両生類	5	12	12	10	4	4	4
合　計	39	80	77	67	34	42	41

（注）　＊は亜種を含む。鮫島正道著「東洋のガラパゴス」[26]をもとに作成。

イタチとマングースは、奄美における毒蛇ハブを駆除するために移入されたものである。

マングースの移入は、渡瀬線の発見者である動物応用学の渡瀬庄三郎が指導にあたったもので、明治四三年（一九一〇）沖縄や奄美大島に移入された。これが今日では養鶏場をおそい、また貴重なアマミノクロウサギやヤマシギなどを餌食にし、大問題となっている。ハブの駆除にはほとんど役立たず、マングースの駆除にまた新たな対応を迫られているわけである。今後の対策を考える場合は、この教訓を十分に生かさなくてはならない。

アマミノクロウサギは学名をペンタラグス（*Pentalagus*）といい、一八九六年にアメリカ人ファーネスによって奄美大島で採集された珍奇なウサギである。分類学的にはムカシウサギ亜科に属し「生きた化石」とされている。世界中で奄美大島と徳之島だけに住む固有種であり、特別天然記念物に指定されている。耳と後足が短く、前足の爪がよく発達しているという形態的特徴のほか、生態面でも原始的な特徴を遺している。

アマミトゲネズミとケナガネズミは天然記念物である。アマミ

表 3　奄美大島の哺乳類（合計 7 科 15 種）

●トガリネズミ科
　フタセジネズミ，オリイジネズミ，リュウキュウジャコウネズミ
●キクガシラコウモリ科
　キクガシラコウモリ
●ヒナコウモリ科
　アブラコウモリ，ユビナガコウモリ
●ウサギ科
　アマミノクロウサギ*
●ネズミ科
　ハツカネズミ，アマミトゲネズミ**，クマネズミ，ドブネズミ，ケナガネズミ**
●イタチ科
　ホンドイタチ（移入），マングース（移入）
●イノシシ科
　リュウキュウイノシシ

（注）　＊は特別天然記念物，＊＊は天然記念物。

トゲネズミは、一九二四年に日野光次によって発見された。体に鋭い針状毛が密生、夜行性でピョンピョン跳ねる変わり種のネズミである。ケナガネズミは、日本特産の体長六〇センチの巨大ネズミである。背に長さ六センチに及ぶ剛毛が普通の毛に交じって生え、尾の先三分の一が白いのが特徴である。夜行性の樹上生活者であり、シイの実や昆虫などを食する。両種とも「生きた化石」の遺存種である。

リュウキュウイノシシは、アジア系イノシシのうちで最も原始的な種といわれる。アマミノクロウサギやケナガネズミなどと同様、大陸につながっていた頃、広く分布していたイノシシの遺存種と推定され、系統分類学および進化学上価値が高い。ニホンイノシシより小型で、首が短く太いずんぐり型。鼻が大変長く、土を掘り起こして餌を探すことに適応している。雑食性。奄美で最大の動物である。平成九年、大島本島では、わな、銃などにより一四〇〇頭を捕獲している。

●奄美大島の鳥類

奄美大島の留鳥およびここで繁殖する鳥は一九科三四種である。これらのうち、カラスバト、オーストンオオアカゲラ、アカヒゲ、オオトラツグミおよびルリカケスの五種が国の天然記念物に指定されている。

大島産鳥類のうち、エリグロアジサシ、オーストンオオアカゲラ、オオトラツグミおよびルリカケスは、徳之島では見られない。

鳥類相は、アマミヤマシギ、ルリカケス、オーストンオオアカゲラ、アカヒゲ、オオトラツグミが北方系、カラスバト、リュウキュウズアカアオバト、ミフウズラ、リュウキュウツバメ、リュウキュウヨシゴイ、ベニアジサシ、エリグロアジサシなどが南方系の種と考えられている。また、本州から八重山諸島に共通するものが多い。

北方系五種の鳥類は、一九九九年版「環境白書」のなかで、絶滅のおそれのある「国内希少野生動物種」に指定され、捕獲、採取、譲渡が規制されている。

以下に、天然記念物に指定されている五種の鳥について、その特徴などを紹介する。

カラスバト（ハト科）

伊豆諸島、五島列島から沖縄諸島までに分布し、絶滅危急種である。全長約四〇センチで、奄美産ハト類では最大型。雌雄同色、全身が黒いが、紫や緑色の金属的光沢が目立つ。くちばしは黒っ

表 4　奄美大島の鳥類（合計 19 科 34 種）

●サギ科
　△リュウキュウヨシゴイ，□クロサギ
●ガンカモ科
　□カルガモ
●ワシタカ科
　□ツミ
●ミフウズラ科
　△ミフウズラ
●クイナ科
　□リュウキュウヒクイナ，□バン
●シギ科
　○アマミヤマシギ
●カモメ科
　△ベニアジサシ，△エリグロアジサシ*
●ハト科
　□△カラスバト**，□リュウキュウキジバト，□リュウキュウズアカアオバト
●フクロウ科
　□リュウキュウコノハズク
●カワセミ科
　□カワセミ，□リュウキュウアカショウビン
●キツツキ科
　○オーストンオオアカゲラ*,**，□アマミコゲラ
●ツバメ科
　△リュウキュウツバメ
●サンショウクイ科
　□リュウキュウサンショウクイ
●ヒヨドリ科
　□アマミヒヨドリ
●ヒタキ科
　○アカヒゲ**，□イソヒヨドリ，○オオトラツグミ*,**，□リュウキュウウグイス，□セツカ，□リュウキュウキビタキ*，□リュウキュウサンコウチョウ
●シジュウカラ科
　□アマミヤマガラ，□アマミシジュウカラ
●メジロ科
　□リュウキュウメジロ
●ハタオリドリ科
　□スズメ
●カラス科
　○ルリカケス*,**，□リュウキュウハシブトガラス

（注）　＊は徳之島で欠落種，＊＊は国の天然記念物。また，○は北方系種，△は南方系種，□は本州から八重山諸島に共通するもの。

ぽく、足が赤みを帯び、尾が長い。暖かい地方の海岸や島の常緑広葉樹の茂った林に生息、木の実や花芽を食する。ぎこちない飛び方で、鳴き声に特徴がある。

オーストンオオアカゲラ（キツツキ科）

奄美大島だけに生息する固有亜種、絶滅危惧種。全長約二八センチとキツツキとしては大型で、赤、白、黒の斑の体色。山地の常緑広葉樹林に多く、単独で行動。強く鋭い声でキョッキョッと鳴き、コツコツコツと木をつつく音を出す。

アカヒゲ（ヒタキ科ツグミ亜科）

種子・屋久、トカラ列島、奄美大島以南に分布。留鳥で、常緑広葉樹林に住む。全長約一四センチ。雄は上面全体がオレンジがかった濃い赤褐色で顔から喉、胸にかけて黒く、腹面は白色。雌は上面が雄より薄い赤褐色。喉、胸の黒い部分がなく、腹面は灰色と白の斑模様。声量のある澄んだ声でピッピッピルルルルとかピックララララとさえずる。落ち葉などにつく虫やミミズを食する。

オオトラツグミ（ヒタキ科ツグミ亜科）

奄美大島だけに生息し、全長は、雄三二・五センチ、雌二六・五センチで、ツグミ類中最大である。雌雄同色。体は黄褐色の地に黒色の三日月形の斑をなしている。翼はやや黒っぽくて黄褐色の羽縁がある。名は全身鱗状斑点の虎模様にちなむ。夜間谷間を下り、山麓の水田などでミミズや昆虫を食べ、早朝薄暗いうちに山頂近くに移動するという。生息数が少なく、生態はよくわかっていない。

ルリカケス（カラス科）

奄美大島だけに生息。一八五〇年、ボナバルテによって学会に紹介された。美しい羽毛がヨーロッパに輸出され（一九〇四年頃）、絶滅の危機に陥ったが、第一次大戦の勃発により羽毛の輸出は中止、一九二一年に天然記念物に指定、保護された。

全長三八センチ前後、本土のカケスより大きい。雌雄同色。頭上から背の前部、上胸は美しい瑠璃色で、翼と尾は黒っぽい瑠璃色。背・下胸・腹・尾の付け根は瑠璃色を帯びた赤栗色。顔と喉は黒く、喉には細い白斑。翼羽と尾羽の先端も白い。くちばしは太くて青白色。常緑広葉樹林に多く、二羽から六羽の群れをなす。カケス似の習性、雑食で特にシイやカシの実を好んで食べる。他の小鳥などの鳴き声の物まねが上手だが、鳴き声は鋭くギャー・ギャーまたはゲェーイ・ゲェーイである。人に対する警戒心は強い。

●奄美大島の両生類

多湿のため多種の植物が繁茂し、昆虫類が発生しやすく、それを餌にするカエル類が大繁殖する。日本産のカエルは三六種あるが、そのうち一〇種が生息しており、密度も高い。奄美大島は「カエルの島」の異名もあるほど、カエルの宝庫である。ちなみに、奄美大島に生息する両生類は五科一二種（カエル類四科一〇種、イモリ類は一科二種）である。世界広しといえどもオットンガエルは奄美大島だけ、アマミアオガエルは奄美大島と徳之島だけに生息する。

表 5　奄美大島の両生類（合計 5 科 12 種）

●アマガエル科
ハロウエルアマガエル
●アカガエル科
リュウキュウアカガエル，ウシガエル（移入），ヌマガエル，ハナサキガエル，イシカワガエル，オットンガエル*
●アオガエル科
アマミアオガエル，リュウキュウカジカガエル
●ジムグリガエル科
ヒメアマガエル
●イモリ科
シリケンイモリ*，イボイモリ

（注）＊は徳之島で欠落種。

オットンガエル（アカガエル科）

日本の固有種で、奄美大島だけに生息する特産種。イボイモリやイシカワガエルとともに古い時代に南西諸島に取り残されて独自の分化を遂げたもので、学術的な価値が高い。

体長は一四センチを超す。前足の指は五本、その第一指は鋭い棘になっており、雄で発達、雌では退化。背面の皮膚は、茶褐色でイボがあり、黒褐色のやや大きいイボが交じる。五月頃から夏にかけてが繁殖の最盛期。昆虫、カタツムリ、サワガニを食べる。ハブの好物。生息密度は森林が高い。鳴き声は「オーイ・オイ……オイ」と人の呼ぶ声に似ている。一時期、島民のタンパク源となった。

イボイモリ（イモリ科）

奄美の原生林で二〇〇万年もの間、生態系の中の一員として現在まで生き続けてきた「生きた化石」。奄美大島、徳之島、沖縄、渡嘉敷島のみに生息し、西南諸島の固有種である。全長は一五センチ前後、全黒褐色で、肛門の周り、足の裏、尾の下側に赤色もしくはオレンジ色がかった斑がある。皮膚に

表 6　奄美大島の爬虫類（合計 8 科 16 種）

●ヤモリ科
ヤモリ，○タシロヤモリ，○オンナダケヤモリ*，（ホオグロヤモリ），（オビトカゲモドキ）
●アガマ科
○キノボリトカゲ
●カナヘビ科
アオカナヘビ
●トカゲ科
ヘリグロヒメトカゲ，○バーバートカゲ，オオシマトカゲ
●メクラヘビ科
メクラヘビ
●ナミヘビ科
○アマミタカチホヘビ*，リュウキュウアオヘビ，○アカマタ，○ガラスヒバア
●コブラ科
○ヒヤン*，（ハイ）
●クサリヘビ科
○ヒメハブ，○ハブ

（注）　＊は徳之島で欠落種，（　）は奄美大島に欠落，徳之島に生息する種。
○は奄美大島を北限とするもの。

多数のイボ。大きな肋骨は左右に傘を広げたさまを思わせる。主に森林に生息、夜行性で、昼間は落葉、朽ち木、石などの下に潜んでいる。個体数は少ない。

●奄美大島の爬虫類

奄美大島に生息する爬虫類は八科一六種。このうち、奄美大島を北限とするものとして、トカゲ亜目ではタシロヤモリ、オンナダケヤモリ、キノボリトカゲ、バーバートカゲ、ヘビ亜目ではアマミタカチホヘビ、アカマタ、ガラスヒバア、ヒヤン、ヒメハブおよびハブがいる。

ヤモリ科のホオグロヤモリとオビトカゲモドキおよびコブラ科のハイは、徳之島に生息しているが、奄美大島では発見されていない。一方、オンナダケヤモリ（ヤモリ

科）、アマミタカチオヘビ（ナミヘビ科）およびヒヤン（コブラ科）は徳之島には見られない。

ハブ（クサリヘビ科）

奄美大島とその属島、徳之島、沖縄諸島に分布する。全長一〇〇～二二〇センチ前後、体色によって金ハブ、銀ハブ、赤ハブ、黒ハブと呼び分けている。普通は背面が黄褐色で、不規則な独特の斑紋がある。頭は大きく長三角形。

山地、平地を問わず生息し、野ネズミの住む耕地を中心に行動する。深山では生息数は少ないが、大型のものが見られる。夜行性だが昼間も行動し、木に登り樹間を移動する。ネズミや小鳥、カエルなどの脊椎動物を食する。オットンガエルが好物だという。

ハブの出没は年間を通して見られ、咬傷患者も年中発生している。冬季（十一～二月）は休眠状態に入るが、気温が一八度以上ある、北風を受けない山間谷間には出没する。三～六月、ハブは急に活動的になり、水田やキビ畑、海岸、ソテツ畑などに姿を見せる。この時期は交尾期にあたり、年間で出没数が最も多い。そのため人の被害の発生も最多となる。七～八月は産卵期。ハブは抱卵するので、八月下旬頃までの出没率は低くなる。この時期は涼しい山林地帯や河辺に移行している。九～十月頃は、小鳥を捕食するため樹上に登る姿を多く見かける。

産卵数は平均八～九個。繁殖力は極めて旺盛で、全長一二〇センチほどに育つと産卵能力を有するようになり、一五〇センチ台のとき最高となる。卵は白色だ円形で、殻は石灰質が少ないので軟らかい。適当な温度、湿度が保持できるソテツや樹根の空洞、石垣の穴などが産卵場所。四〇～四一日でふ化。幼蛇は四〇センチ前後で、完全な攻撃力を有する。

日本最強の猛毒蛇であるハブの活動は、気温との関係が深く、一八度以上で活動的になり、二七度前後で最高の活動性を発揮する。三〇度を超すと急に緩慢となり、のびてしまう。最も危険な攻撃姿勢は、S字形のトグロを巻いた姿勢で、全長の三分の二の円形内が攻撃範囲となる。

平成一〇年における奄美諸島でのハブ咬傷者は、一二〇人であった。咬傷事故に備えて「ハブ抗毒素」などの血清が配備されているので、死者はほとんどいない。一方、同年のハブ捕獲買上げ総数は、約三万一〇〇〇匹（売上げ金額一億五五〇〇万円）であった。

3――奄美諸島の植物たち

温暖多湿の日本列島に自生するシダ植物以上の高等植物は、五〇〇〇種を超えるという。このうち奄美諸島には、一二〇〇種以上が自生する。それらの中には「アマミ」を冠する植物も多く（表7参照）、固有種・固有亜種など六〇種以上がある。さらに北限または準北限分子も約二五〇種を包容するという。日本列島の全植物五〇〇〇種の約二五％が奄美諸島に自生することになるが、単位面積当りの種の数を算出してみると、一〇〇〇平方キロ当り、日本列島が一三種であるのに対し、奄美諸島では九六八種となる。奄美諸島は、実に七四倍もの高率で密生していることになる。奄美諸島は真に植物の宝庫である。

動物相で発見された渡瀬線は、種子植物の分布の上でも成り立つことが確認されており、渡瀬線

表 7　奄美諸島における植物の固有種（合計 66 種）

アマミスミレ	ユワンツチトリモチ	ウコンイソマツ（永良部，与論）
アマミフユイチゴ	ウケユリ	アツバジシバリ
コバノアマミフユイチゴ	カケロマカンアオイ	イソノギク（またはハマベノギク）
アマミイナモリ	グスクカンアオイ	イジュ
アマミアラカン	トクノシマカンアオイ	ヒメサザンカ
アマミエビネ	トクノシマエビネ	ヒサカキサザンカ
アマミシマアザミ	リュウキユウアリドオシ	オオシイバモチ
アマミセイシカ	リュウキュウツワブキ	エナシモチノキ
アマミヒサカキ（またはオオシマヒサカキ）	リュウキュウマツ（またはオキナワマツ）	ムツチャガラ
アマミヒイラギモチ	リュウキュウハナイカダ	ヒロハタマミズキ
アマミアオネカズラ	オキナワマツバボタン	アオバナハイノキ
アマミイワウチワ	オキナワギク	ミヤビカンアオイ
アマミザンショウ	オキナワウラジロカシ	フジノカンアオイ
アマミテンナンショウ（またはホソバテンナンショウ）	シマフジバカマ	オオフジノカンアオイ
アマミデンダ*	シマサルスベリ	オオバカンアオイ
アマミカタバミ	シロバナサクラツツジ	ハツシマカンアオイ
アマミシダ	ケラマツツジ	オオシマガンピ
アマミヅタ	サクラツツジ	ヤクシマスミレ
オオシマウツギ	ホソバシャリンバイ	オオバナオシマウツキ
オオシマガマズミ	ビシンジュズネノキ	ヤドリコケモモ*
オオシマムラサキ	シロバナオナガエビネ	コケタンポポ
	ヒラベンエビネ	コゴメキノエラン*
	ハノジエビネ	

（注）　*は絶滅危惧種。

以南は旧熱帯植物区（東南アジア区系）のうちのマラヤ地区に属する。この地区の植物相の特徴は、イタジイを優占種とし、これにイジュやイスノキ、クロバク、アマミアラカシ、タブノキ、コバンモチなどが混生する常緑広葉樹林である。この中には、多数の固有植物や北限分子などが包容されており、本質的に本土との違いがある。これらの植物の大部分は、奄美大島では中南部の山岳地帯に、徳之島では三京、井之川岳付近の国有林一帯に生えているが、最近の園芸ブームや林道工事などで、絶滅が危惧されるものがでてきた。

文化庁は、昭和四三年十一月、湯湾岳山頂一帯および住用村神屋の国有林約二七〇ヘクタールを天然記念物に指定、同四七年以降には、名瀬市金作原の奄美原生展示林一二〇ヘクタール、徳之島三京岳の学術保護林一〇〇ヘクタール、風景林約四七〇ヘクタール、保護区域約二三〇ヘクタール、水源かん養林など約五〇〇ヘクタールの国有林を伐採禁止区域に指定している。

一九九九年十一月、自然環境審議会野生生物会は、奄美大島に生育するアマミデンダ、ヤドリコケモモおよびコゴノキノエランを「国内希少野生植物種」に指定、採取、譲渡などを規制した。

巻末資料に、大野隼夫の著書「奄美群島植物方言集」(平成七年発行)より、奄美諸島の植物の科・和名を抜粋、整理して紹介させていただく。氏は、奄美諸島における種子植物、被子植物、双子葉植物、単子葉植物、裸子植物および羊葉植物などを系統的に調査研究しており、その著書には六三〇種あまりが収載されている。

4——他の生き物たち

西野嘉憲が「サイアス」誌(一九九九年十二月号、朝日新聞社発行)に奄美の鞘翅目(甲虫)の昆虫について寄稿しているので、紹介しておきたい。

氏は、奄美大島と徳之島の生物相は中国大陸や沖縄の流れを汲むが、この地域で孤立した生物たちも数多く生息しており、興味深いと述べ、奄美諸島の甲虫類を次のように三つのグループに分類している。

①奄美諸島にのみ分布する固有種で、周辺に近縁種が多くみられないグループ

マルダイコクコガネ、オオシマセンチコガネ（以上糞虫）、スジブトヒラタクワガタ。

②近縁種が台湾や中国大陸に分布するが、沖縄や先島諸島に分布しないグループ

アマミホソコバネカミキリ、フェリエベニボシカミキリ、アマミミヤマクワガタ、アマミシカクワガタ、ヤマトサビクワガタ。

③近縁種が琉球列島から台湾、中国大陸まで連続的に分布するグループ

アマミマルバネクワガタ、糞中の一種トビイロセンチコガネやハナムグリの仲間など。

大陸から琉球列島へ昆虫類が渡来したのは、トカラ海峡ができた百万年前頃と考えられているが、標高の高い湯湾岳（六九四メートル）に生息するマルダイコクコガネやアマミミヤマクワガタなどは、島が海水面下へ沈下した時期以前の生き残りと考えられている。

このほか、奄美の生物はホタル、セミ、シロアリ、バッタ、チョウ、カニ、エビ類や地中のミミズ類に至るまで多種多様だが、これらの紹介は別の機会に譲る。

以上のように奄美は「黄金の生物の宝庫」であり、今後もまだ未知の新種が発見される可能性を大いに秘めている。

第4章

バイオ資源は生かすもの

アカヒゲ（撮影 ©越間 誠

人間の生き物との対し方は、おおむね下根、中根、上根の三つのランクに分けられる。生き物のことに無知、無頓着で、環境に公害をまき散らし、生態系を破壊、生き物を平気で死滅させ、自らも自殺者となるようでは、下根の人である。また生き物を生き物として認知し、心配りを持ち、日常生活の中でもそれらを保護しようと考え、行動が起こせるレベルは、中根の人である。さらに生き物の各々の本質を見極め、積極的に共存共栄を図り、人間の生命維持とユートピア建設のために生かすことができる、すなわち生き物を一つの資源ととらえ、それらを活用する技術や有用物質を創出できるのは、上根の人である。人間が「万物の霊長」であるならば、上根の人であるべきであろう。

このような観点に立てば、奄美の豊富な生き物たちは、人類の繁栄の一助にすべきである。本書が書かれた目的もそこにある。

本章では、奄美の生き物たちが、現在どのように活かされているかを見てみよう。

1――奄美が誇る大島紬

単に「大島」とも呼ばれる大島紬は、奄美の文化遺産であると同時に、経済を支える産業でもある。その起源は第一章でも述べたように、西暦六六一年の天智天皇の時代にまでさかのぼることができ、明治の文明開化の頃に急速な技術革新が興り、昭和三〇年の高度経済成長期に今日の技術が完成された（33頁参照）。

大島紬の製造工程は一〇工程にも及ぶが、その中に泥染めがある。泥染めは、山から切り出してきたシャリンバイ（バラ科の植物、方言名テーチギ）を細かく砕いてチップとし、熱水で煮沸・抽出した液で絹を染色し、次いで泥田で染色して行う。この操作を二〇数回繰り返すことによって色調は、赤褐色から格調の高い紬独特の黒色となる。泥染めの化学的な原理は、タンパク質である絹をシャリンバイのタンニン成分と結合させ、次いで泥田の鉄イオンと反応させてタンニン酸鉄を形成、渋い黒色を発色させている。以前は、メヒルギ、松実などを使っていたようだが、今日ではもっぱらシャリンバイを用いている。今後の研究開発によっては、他の高タンニン含有植物が見出される可能性もある。

このようにシャリンバイは、タンニン含有植物ということで、大島紬の生産のためのかけがえのない資源である。他方、イネをつくることしか思い浮かばない泥田も、鉄分を多く含み、大島紬の生産に大きく寄与している。大島紬は、バイオ資源に技術を駆使し、手塩にかけて産み出されたバイオテクノロジー製品とも言える。

2――生命産業のサトウキビ

サトウキビは、西暦一二〇〇年頃、直川智が中国から初めて奄美に持ち込んで栽培を始め、黒砂糖の生産技術を確立した、と伝えられている。薩摩藩政時代の「砂糖地獄」のことについては第一章で述べたとおりである（18頁参照）。

サトウキビは、その生産量が年々減少しているとはいえ、現在の奄美諸島の基幹産業である。世界的にみて供給過剰の砂糖ではあるが、奄美・沖縄諸島では国の手厚い保護の下で盛んに生産されている。これは、サトウキビ栽培が、単に砂糖だけではない産業の複合化に役立っているからである。

栽培されたサトウキビから黒砂糖が製造され、その黒砂糖の加工品や、黒砂糖を発酵させた黒糖焼酎や酢が製造される。また、サトウキビの穂は牛の飼料であり、汁液を搾り出したバカスはキノコ栽培床や、土壌改良剤、発酵させて牛の飼料となる。このように一次産業、一・五次産業、二次産業など一連の産業を育み、同時に農業と畜産、農業と発酵工業などを関連づけている。したがって、サトウキビ栽培は総合的に評価されるべきものである。

さて、サトウキビはイネ科の植物である。この植物が、光合成（炭酸同化作用）によってつくり出した炭水化物（砂糖）を茎に貯えることが発見され、これを搾取、中和、煮詰める技術が開発された。こうして生産された黒砂糖を、麴菌や酢酸菌などの微生物の力を借りて発酵させることにより、それぞれ黒糖焼酎や酢が生産される。こうして考えると、サトウキビは単なる栽培植物というよりもバイオ資源であり、黒砂糖の微生物発酵産業は一種のバイオテクノロジー産業といえる。

サトウキビ新時代は、メリクロン苗の供給が切り札となる。このメリクロン苗は、サトウキビの生長点を培養して複製される苗である。ウイルスや病原菌に冒されていない（ウイルスフリーという）ので成長が速いのが特長であり、収量の向上につながる。将来は、今よりもさらに糖度の高い品種改良苗が出現するだろう。

3——長寿世界一の島は薬草が豊富

古来より奄美で食されてきた機能性食品に、バショウの芯、ツワブキ、ヨモギ、ガジュツ、ショウガ、ミョウガ、シソ等がある。近年は「飽食の時代」となり、高血圧症や糖尿病のような生活習慣病が多くなって、グアバ、クミスクチン、アマチャヅル、アロエ、ドクダミ、ウコンなどがにわかに注目されている。それらの植物は、それぞれに健康的に機能し、効能を発揮することが知られているので、紛れもないバイオ資源である。今後の開発次第で、奄美諸島における第三、第四の産業に成長する可能性が秘められている。

紙面の関係上、ここでは最近ブームとなっているウコンをとりあげる。

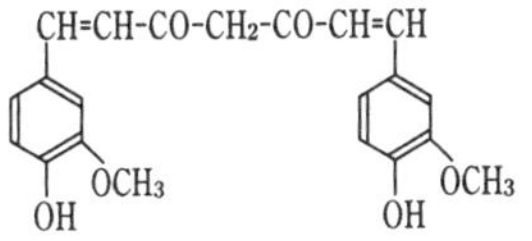

図 1　クルクミン

ウコンは、ショウガ科クルクマ属の熱帯性の多年草（二年以上生きる植物）で、東洋のハーブ（薬草）と呼ばれている。奄美では、春に花を咲かせるハルウコンと、秋に花を咲かせるアキウコンが栽培されている。インド、中国南部、インドネシアなどには、ほかに二〇～三〇種類があるという。

従来、ウコンはカレーライスのカレー粉、タクアンの着色剤などとして用いられてきたが、成分分析や薬効試験が行われ、「自然の贈り物」である生薬（動植物や鉱物の一部をそのままか、少し手を加えて用いる薬）として期待が高まっている。

主成分は、図1のような化学構造式で表される、クルクミンという黄色の物質である。

ウコンにはこのほかに約一〇〇種類の精油成分や、無機栄養素のミネラル、食物繊維、フラボノイド（ビタミン）類等、一〇〇〇種以上の成分が含まれていることがわかっている。また、ハルウコンとアキウコンの主要成分を比較してみると、クルクミンの含有率はアキウコンが一〇倍以上多いが、精油成分とミネラル類ではハルウコンが約七倍多い。

表1　ウコンの主要成分の比較（含有率%）

成　分	ハルウコン	アキウコン
クルクミン	0.3	3.6
精　　油	6.0	1.0
ミネラル	6.0	0.8

ウコンはこれらの一〇〇〇種以上の成分が多彩な薬効を生む万能薬と言われているが、東京薬科大学糸川秀治教授は、動物実験で解明されたウコンの効能について次のとおり述べている。

①肝臓病を予防・改善、②胃液や唾液の分泌を促し消化器の負担軽減、③腫瘍の発生・悪性化・増殖を抑制、④強心作用、⑤活性酸素の除去、⑥血液中のコレステロールや中性脂肪を軽減、高脂血症や動脈硬化の改善等。

また名古屋大学大澤俊彦教授は、肝臓の名薬「ウコン」は、国のガン克服十箇年計画にも選ばれた天然の抗ガン剤であると記している。

クルクミンの化学構造から、病気の元凶である活性酸素（細胞のDNAを傷つける反応性の高い酸素分子）の消化が推察され、ガン予防も大いに期待できる。

ウコンは、精油成分のために芳香が強く、人によっては飲用しにくい。このため発酵処理により精油成分を除去した、癖のない飲みやすいウコン液が自動販売機で買えるようになった。粉末、顆粒などでも市販されている。このような発酵ウコン商品は、ウコンを資源としたバイオテクノロジーの最たる商品と言えよう。

なお、ウコンの成分は、栽培される土質に左右されると思われるので、商品化では確かな分析が望まれる。

4——南国を彩る花

常夏奄美の山野には、四季折々に多種多様の草木が花を咲かせる。中でも夏を彩る花々は、南国奄美の象徴である。

夏に咲く花にはハイビスカス、デイコ、ブーゲンビリア、ハマヒルガオ、ノボタン等がある。この中で、最も親しまれている知名度の高い花といえば、やはり真っ赤なハイビスカスだろう。

原産地は中国南部、マレーシア、インドだが、現在の品種は、フロリダやハワイに熱帯中のハイビスカス（フヨウ属）の花を集めて品種改良した園芸品であるという。それこそバイオテクノロジーの粋を結集することによって、あの情熱的な真っ赤な大きな花が誕生したのである。現在、園芸品種は世界で五〇〇〇種以上に及ぶようだ。

ハイビスカスはハワイ州の州花であり、名瀬市の市花、鹿児島県佐多町の町花にも制定されている。それだけ魅力的な花だと考えられる。奄美では沿道に植栽され、もともと周年開花するが夏場が開花の最盛期で、訪れる人々の目を楽しませている。

余談だが、一般にハイビスカスと呼ぶのはアオイ科フヨウ属ブッソウゲ（学名 *Hibiscus Rosa-sinensis*）であるが、学名の「ハイビスカス（*Hibiscus*）」はフヨウ属を意味する。したがって、ブッソウゲ（ハイビスカス）は *Hibiscus* 属の中の一種ということになる。奄美のフヨウ属の植物としてはほかに、淡紅色花のフヨウ（*Hibiscus Mutabilis* L.）と、黄色花のシマハマボウあるいはオオハマボウ（*Hibiscus Tiliaceus*）が自生する。

さて、奄美の花をもう一例あげよう。

沖永良部島は奄美諸島の中でも百年の歴史を持つ花の島である。ここでは、エラブユリとして名高い、純白の花を咲かすテッポウユリ（ユリ科）をはじめ、フリージヤ（アヤメ科、主に黄色花）やグラジオラス（アヤメ科、赤・白・ピンク花）などを主に栽培、出荷している。この島にはバイオ研究所が早々に設立され、組織培養によるウイルスフリー苗を創出し供給している。やがて品種改良も進み、新種の見事な花が観賞できるようになるかもしれない。

5——黒豚・黒牛は人気筋

黒豚肉や黒牛肉は、市場で「美味」の評価を得ている。農業・畜産王国鹿児島の空港売店では「黒豚」「黒牛」の名札が特に目につく。

奄美では、戦後までイノシシに近い原種の黒豚が盛んに飼育されていた。それが昭和二八年の日本復帰から三〇年代の高度経済成長の頃を境に、姿を消してしまった。それまでは各家庭で少なくとも一、二頭飼育し、正月になると屠殺して自家用とする慣わしがあった。黒豚が姿を消した理由は、金さえあれば買って食べられる時代になったこと、何よりもアメリカ産種に比べ成長が遅く生産性が低かったこと、である。

飽食時代となった昨今、食の見直しが始まり、量より質が問われだした。この流れに乗り、黒豚も注目されだし、ここ数年前から、鹿児島県が奄美の黒豚飼育を後押しするようになった。

一方黒牛は、古来より農耕牛として飼われていたが、高度経済成長や水田の転作奨励などで消えてしまった。黒豚同様に低い生産性もあるが、再復活が叫ばれている。現に奄美では、温暖な地域特性として年中繁茂する牧草を生かし、肉用牛の子牛の生産が盛んである。

しかしバブル経済の崩壊後成長の限界がみえ、不景気が続く中では「美味しければ、必ず売れる」というわけにもいかない。事業となれば当然、生産コストの軽減、生産効率の向上を目指さなければならない。そのためには、まず技術革新に頼らざるを得ない。

人間でさえ体外受精、借腹出産が行われる昨今である。優良雄の黒豚や黒牛の精子を凍結し、他方で発情ホルモン注射で優良雌を発情させ、凍結精子を戻して人工受精させる。また凍結精子と発情により排出される卵子とを試験管内で受精（体外受精）させ、その受精卵を別の雌の子宮に着床させ、子として出産させることもできる。さらに、通常一卵一精子の受精卵からは一頭しか子は産まれないが、バイオ技術では、発生の卵割段階で、二頭、四頭の子を生み出している。こうして一生のうちに一頭の雌牛が生む子供の数を増やすことが可能になるのである。また雌雄の産み分けも可能である。

これらのバイオテクノロジー技術が、すでに現実に奄美に恩恵を与えているはずである。

6――魔除けのハブが島を救っている

●徳之島でなぜハブ咬傷者が多いのか

平成一〇年のハブ咬傷者は、奄美大島で四〇名、徳之島で八〇名、合計一二〇名であった（表2）。死者こそいないが、これだけ被害があれば、ハブは人間の敵と見なせるだろう。しかし、本当にそうだろうか。なぜ人口の少ない徳之島で、人口が二倍も多い大島の二倍の咬傷者が出るのだろうか。この疑問の中に、咬傷被害軽減策の解答が秘められているようだ。

咬傷者の数は、基本的にはヒトとハブとの出会いに比例すると考えられるが、表からは人口と捕獲業者数、人口と捕獲匹数との間にはともに相関関係は認められない。一方、人口に対する捕獲匹数の比率、つまり住民一人当りが何匹のハブと出会うかを算出してみると、大島で約〇・二（一〇人に二匹）、徳之島で約〇・五（一〇人に五匹）となり、徳之島は大島の約二・五倍もハブと出会うことになる。裏返して言えば、究極の話、徳之島ではハブの生息密度が高く、人とのかかわり合いが多くなるために、咬傷者も多いと考えられる。さらに、これを別の角度から考察してみよう。

大島の耕地率は二・七％、徳之島は二八・一％である。耕地率の高い徳之島では、サトウキビ栽培が盛んで、その畑は民家に隣接し、そこにハブの餌食となるネズミが発生する。このネズミを捕えるためにハブが集まる。したがって、このような住環境を整備すれば被害が軽減されると推察される。住み分けができれば、必ずしも人とハブは敵同士ではなくなると思われる。

表 2　ハブの捕獲とハブ咬傷者数（平成 10 年）

島　名	人口*	捕獲業者（人）	捕獲匹数	咬傷者
奄美大島	75 832	4 276	16 300	40
徳 之 島	29 156	238	14 436	80
合　計	104 988	4 514	30 736	120

（資料）　*　平成 7 年国勢調査による。
「平成 10 年 奄美群島の概況」より抜粋。

●ハブを擁護する

世にハブは「恐いもの」「殺してしまえ」「絶滅させろ」という人は多いが、擁護する人は奇人、変人とみなされる。筆者はあえて、ハブを擁護したい。

彼らは次のように主張するのではあるまいか。

第一に、我々（ハブ）は昔からこの島の居住権を得ている。ヒトの勝手で居住権を侵されては、たまらない。安心して住みたいならば、互いに共生する法を定めて、これをしっかり順守しようじゃないか。畑や家の周りに逃避剤でも散布すればよい。

第二に、我々を悪者呼ばわりして絶滅させようとしているが、それはお門違い。ハブ神社でも建立して感謝すべきだ。そうすれば、魔物は祓われ、夫婦仲がよくなり、子宝を授かり、金運に恵まれるぞ!!　我々が絶滅したらどうなると思う？　ネズミ算式に増えたネズミどもが天下を盗り、年中自在に出没することになる。人間は作物や食品、家の中などを荒らされ、病原菌をばらまかれることだろう。それを抑制しているのが我々だ。

第三に、我々に一匹五千円の懸賞金をつけて捕獲させているではないか。そいつで貰けたうえに、骨、皮、内臓まで商品化しているのはいかがなものか。生きたまま、焼酎瓶に入れられてハブ酒にされるものの身に、少しはなってもみなさい。噂では、我々を捕えた金で息子を大学まで卒業させた人もいると聞く。それでも敵というか。我々が滅びたらこの島は豊かになるどころか全く逆で、もっと貧乏になるさ。

第四に、天敵と称して余計なイタチやマングースを移入するとは、なんという愚かさ。冷血で骨っぽいハブよりも、温血で美味いアマミノクロウサギやネズミ、若鳥（ブロイラー）などを好んで食うだろうよ。それを知ってか知らぬか、天敵の導入を勧めたのはこともあろうに生物学者だそうじゃないか。それも、渡瀬線で知られた東大教授の渡瀬庄三郎博士だそうだ。今なら絶対にできないことだ。最近その非に気づいた人たちが、またイタチやマングースの捕獲に懸賞金をつけるという噂もある。イタチごっこを地でいく所行といわざるを得ない。その程度の知恵では、人は死んでも我々は死なない。そんな時間と金を使うなら、お互い共生できるように知恵を働かせたらいい。

第五に、ハブだって生命はほしい。なにも好んで人さまを攻撃するわけではない。空腹のトラやライオンとは違うのだ。餌を捕えるときと、身の安全を護るときだけに「牙」と「睡眠薬（俗に毒素)」を使うのだ。これは創造主が遺伝子の中に組み込んでくれた賜り物である。マングースやイタチのように敏捷に走り回れないので、その代替として賜わった特性なのだ。我々の目はあまりよく見えないので、餌を捕獲するためなどの情報源は、もっぱら匂いや音や熱線(赤外線)の感覚によって得ている。オットンガエルは好物だが、オスがメスを呼ぶ鳴き声が人のイビキと似ていて間違える。イビキかきは、イビキ止め「ノーズ・クリップ」でも持って外出してもらいたい。

最後はアドバイスである。せめて我々の特性を、人類の戦争のためではなく、平和と安全と健康のために活用してほしい。また、我々の仲間を捕獲するだけではなく、バイオテクノロジーでどんどん増やしてほしい。これは、受精卵の卵割などで容易に可能なはずだ。それで金運もついてくる。

7――ミバエ滅ぼし果樹栽培

奄美諸島は、あらゆる生き物が生息する条件が整っているだけに、移動種の病害虫、とりわけ国、県によって特殊病害虫に指定されたものも生息している。それらはもともと奄美の遺存種ではなく、奄美諸島以南から島伝いに伝播したものである。病害虫が寄生した植物を本土など未発生地へ持ち出すことが禁止されているため、農業振興上大きな障害となっていた。

●特殊病害虫と駆除

奄美諸島で特殊病害虫に指定されている害虫は、ミカンコミバエ、ウリミバエ、アリモドキゾウ

表 3　奄美諸島の特殊病害虫と規制

特殊病害虫名	侵入時期	寄生植物	駆　除	移出規制
ミカンコミバエ	昭和初期	かんきつ類，果実類，トマトなど野菜類	雄除去法*1により根絶（昭和54年）	解除
ウリミバエ	昭和48年	ウリ類，ナス，トマトなど野菜類，パパイヤなど果実類	不妊虫放飼法*2で根絶（平成元年）	解除
アリモゾキゾウムシ	大正4年	サツマイモ，アサガオ，グンバイヒルガオ，ハマヒルガオ	不妊虫放飼法*2で根絶事業推進中	規制中
イモゾウムシ	昭和41年	同上	未着手	規制中
サツマイモノメイガ	昭和36年	サツマイモ	未着手	規制中
アフリカマイマイ	昭和12年	サツマイモ，野菜類，パパイヤなどの植物	農薬*3	規制中
アシヒダナメクジ	昭和44年	同上（農作物）	農薬*3	規制中

（注）＊1　誘引剤メチルオイゲノールを使用。
＊2　コバルト60の放射線を照射して不妊化した雄成虫を放飼して子孫を絶やす方法。
＊3　メタアルデヒド剤使用。

ムシ、イモゾウムシ、サツマイモノメイガ、アフリカマイマイおよびアシヒダナメクジ等である。これらのうちで、かんきつ類、パパイヤなどの果実やウリ、ナス、トマトなどの野菜類の出荷の大きな障害となっていたミカンコミバエとウリミバエは、それぞれ一九六八～一九七九年と一九八〇～八九年の歳月を経て根絶された。サツマイモ関係の病害虫の駆除のうち、アリモドキゾウリムシについては、一九九四年から不妊虫放飼法による「根絶実証事業」を喜界島でスタートさせ、根絶に向けて事業を推進中である。

●果樹の栽培

ミバエ類の根絶で、果物栽培の大きな障害の一つがなくなり、亜熱帯気候の特性を生かした栽培が可能になった。これまでに奄美で栽培されてきた果樹には、グアバ、ビワ、スモモ、ポンカン、タンカン、パイン、パパイヤ、キューイ、バナナ、メロン、パッションおよびマンゴー等がある。最近都会の市場において、奄美産トロピカルフルーツのパッションやマンゴーの人気が高まっている。

これらのフルーツは、カリフォルニア、ブラジル、ニュージーランド、オーストラリア、東南アジア、アフリカ等、世界中から輸入されているが、輸入品は、その瀬戸際で植物検疫法に基づき検査を受けざるを得ず、このため最も美味の完熟果を輸入することが難しい。この点で国内の奄美は有利に完熟果を供給することができる。

つくっても出荷できなかった時代は去り、今後は市場での人気が高いトロピカルフルーツの栽培も盛んになることであろう。

これが人気の秘密であろう。

ただ市場供給を考えると、現在奄美では、タンカン栽培出荷が定着しつつあるが、地元産グアバ、パパイヤ、バナナなどの特性を生かした栽培がもっと盛んに行われるとよい。

●パッションフルーツの栽培

奄美産パッションフルーツの人気は高い。

パッション(和名トケイソウ)はブラジル原産の熱帯果樹で、原地ではマラクジャと呼ばれ、安眠・鎮静効果があるとして愛用されている。トケイソウの名は、花が時計の文字板に似ているところに由来する。花の観賞や果物用として現在、世界中に三〇〇種があるという。パッションはつる性の植物で、赤、紫、黄色などの果実を付ける。奄美で栽培されている果物パッションは主に赤玉と紫玉がある。それらは交配種（F1）で、年に二回、夏と冬に実をつける。一つの木から年二回収穫できるということは、交配種ならでは、また奄美の気候ならではの特長である。

筆者は一二年前、奄美でトケイソウの名で呼ばれていたこの果物に初めてめぐり会った。地元の老人会グループの愛好者によって栽培され、収穫した果物は、農協や県経済連を通して都会の市場に出荷されていたが、種子も多く、全く売れないということで、さじを投げられていた。

奄美産果物トケイソウの香りと味は、従来の果物とは異質であることに気づいた筆者は、東京でのマーケットリサーチを行ってみた。その結果は、一〇名のうち一名がトケイソウあるいはパッションの名前を知っているか知らないかの状態であり、知っていると答えた人でもフレーバー（香料）としての用途であった。ある大手スーパーの果物輸入部長には「パッションフルーツ？　それはやめた方がいいですよ。スーパーにリンゴやミカンと同じように並んでいないでしょう。すっぱいし、種子があって食えたもんじゃない。売れない」といわれてしまった。

これで筆者は栽培を決意した。グルメ志向の世の中、糖度一五度以上の奄美のパッションの美味さを知らない専門家がいるくらいだから「これはいける」と思った。売れないといっても、一〇人中一人が一個食べたとして人口一二〇〇万人の東京だけで一二〇万個、とてもじゃないが奄美で生産供給できる数量ではない。ましてや全国となれば市場は無限といえる。特有の風味と味のトロピカルフルーツは、好き嫌いの好みがはっきり分かれることが調査を通じて判明し、一度食べたら虜になることも確信していたので心配はなかった。

早速、地元で栽培のための研究農園を開設、ノウハウの取得、技術開発等に努め、さらにパンフレットや化粧箱等を作成、試食会の開催などで販路の開拓に努力した。生産量に応じた販売を約束してくれた東京の業者にも評判がよく、価格も一キロ二〇〇〜三〇〇円でも売れなかったものが、たちまち一〇倍の値がつき品切れになった。東京には、夏実も冬実も同じ一個（八〇グラム前後）が二七〇円の卸し値で納入できた。三年目に栽培面積を一〇倍の一〇〇アールに拡大、地元農家の生産協力も得て出荷することになった。一月頃に出荷されるタンカンが一キロ五〇〇〜六〇〇円で出荷されているが、パッションは実にその四〜五倍の高値で取り引きされた。しかも年二回も収穫できる。

このパッションフルーツの栽培には二、三の課題もあるが、さらなる技術革新によって、夢の地域特産品となる可能性は大である。これについては別途、上梓の予定である。

第5章

バイオテクノロジーの光

オオーストンアカゲラ（撮影　Ⓒ越間　誠

バイオテクノロジーは、二一世紀の人々が拠り所とすべき光である。また、打ち出の小槌でもある。

そのバイオテクノロジーの基本原理とはいったい何か、またそれが生み出した基本技術にはどのようなものがあるのか、さらには、それらのリスクなどについて概要を述べてみたい。

1――バイオテクノロジーとは

バイオは、ギリシア語の Bio に由来し、「生命、生物」を意味する。生物は、生命を持つすべての生き物すなわち人間を含めた動物、植物および微生物のことである。バイオテクノロジーは、バイオとテクノロジー（工学）の合成語で、生命工学、生物工学を意味する。一般には、遺伝子が中心的な役割を担っていることから「遺伝子工学」ともいう。

バイオテクノロジーは、生物のもつ機能を利用して広く人類の生活に役立てる科学技術、と定義づけられている。人類は古くワインや酒および酢の醸造、あるいは動植物の品種改良などを行ってきた。それらも、広義にはバイオテクノロジーといえる。

一方、狭義のバイオテクノロジーは、一九五三年にワトソンとクリックによって遺伝子DNAの化学構造が決定され、生物の機能が化学分子レベルで説明されるようになったときに始まる。その後、すべての生物は、遺伝子DNAによって規定され、しかも生き物は、共通の遺伝子暗号を有することが明らかとなった。

さらに一九七〇年代には、遺伝子組み換え技術や細胞融合技術が開発され、前述のような伝統的な発酵醸造や動植物の品種改良などに応用されるようになった。このような新技術を駆使するバイオテクノロジーは、いわばニューバイオテクノロジーである。

ニューバイオテクノロジーは、従来の工業化時代にもたらされた歪みを是正し、人類の新たな繁栄への展望を拓く可能性を持っている。それは、新たな産業革命をもたらすとさえいえるのである。

2——バイオテクノロジーの基本原理

生物を構成する最小単位は、細胞である。この細胞の中に遺伝子があるが、実はこの遺伝子は、デオキシリボ核酸（略称DNA）という化学物質である。DNAは生物の重要な設計図であり、すべての生物に共通の遺伝暗号をもっている。

他方、生物は、遺伝子DNAの情報に基づき、アミノ酸から、体内で重要な働きをするホルモンや酵素、血液、筋肉その他のタンパク質類を合成することがわかった。

このDNAの情報をタンパク質類に翻訳するには、DNAを構成する四種類の核酸塩基と、タンパク質の素材である二〇種類のアミノ酸とを関連づける暗号が必要となる。

この暗号は、四種の核酸塩基が三個一組の配列（三連符、トリプレット）で一個のアミノ酸を規定しており、このような関係を解読した「遺伝暗号表」が作成されている。つまり、人類はすべての生物の重要な設計図を解読するための暗号を入手したことになる。

一九六一年、米国の生化学者ニーレンバーグは、大腸菌を実験材料として初めてこの暗号を解読したが、その後研究が進み、他の微生物だけでなく動・植物からヒトに至るまで、地球上に生存する生物は、遺伝子DNAの情報を基にすべて同じ暗号に従ってアミノ酸からタンパク質を合成していることが明らかにされた。

これが二〇世紀最大の発見、バイオテクノロジーの基本原理である。

3――DNA情報によるタンパク質の合成

●二重らせん構造

DNAは核酸の一種で、塩基と糖およびリン酸からできている。この一単位の結合体をヌクレオチドと呼ぶ。一単位の結合体中の塩基は、プリン核のアデニン（A）とグアニン（G）、ピリミジン核のチミン（T）とシトシン（C）の四種類で構成されている。糖にはリボース（R糖とする）とデオキシリボース（D糖とする）があるが、DNAのヌクレオチドでは後者のD糖、RNA（リボ核酸）ヌクレオチドでは前者のR糖で構成されている。

DNAは、多数のヌクレオチドが結合してできたポリヌクレオチド（核酸）である。では、構成成分の塩基、糖およびリン酸はどのような結合をしているのだろうか。

まず、リン酸と糖が交互に結合して、つまり、リン酸・糖が交互に数珠つなぎとなって一本の鎖を形成している。次に数珠玉の一つである糖に塩基が結合した状態となっている。これが一本鎖の

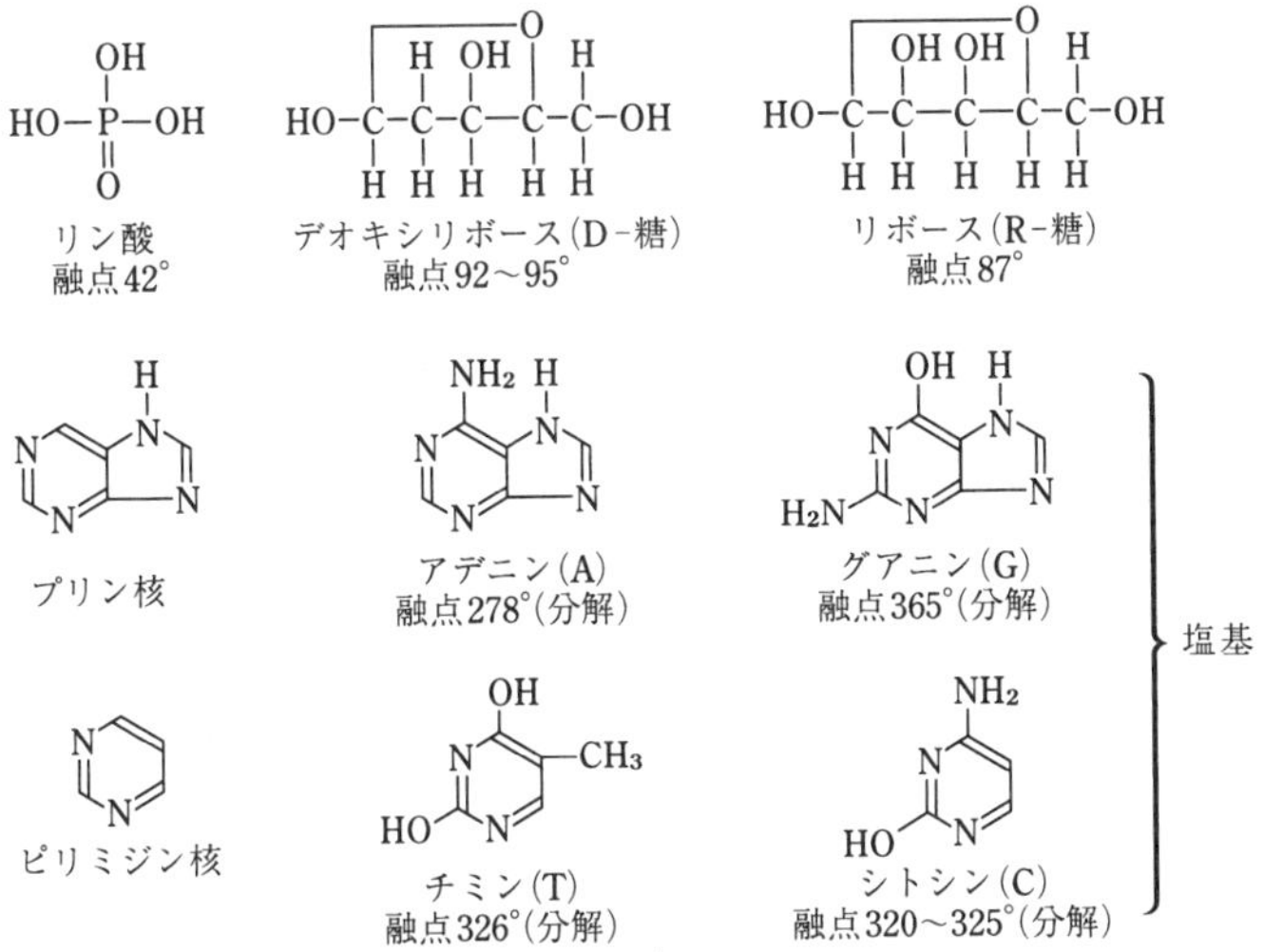

図 1 ポリヌクレオチド（核酸）の構成成分

DNA（ポリヌクレオチド）である。一本鎖のDNAは、遺伝子の組み換え段階で生じるが、不安定である。

実際の安定なDNAは、二本鎖であることがわかっている。では、二本の鎖は、どのようにして結びついているのだろうか。ここでは、四種類の塩基が互いに架け橋になっている。つまりA＝T（アデニン＝チミンの対）、G≡C（グアニン≡シトシンの対）同士が、ちょうどホックのように結びついているのである。ホックは引っ張れば簡単にはずれるが、ホックと同様にそれらの結合は物理、化学的な条件によって容易に離れて一本鎖となる。

DNAを組み立ててみると、まさに「はしご」である。また、この「はしご」は、ワトソンとクリックが示したように「らせん」状を呈するため、DNAの二重らせん構造と呼ばれている。

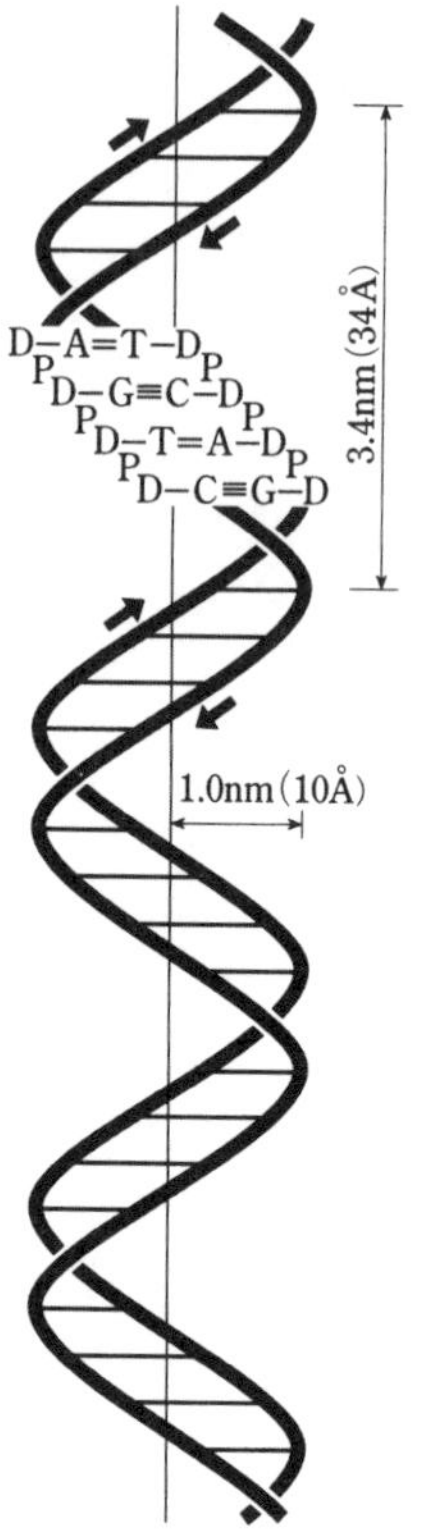

P：リン酸
D：デオキシリボース，
A=T：アデニン–チミンの対，
G≡C：グアニン–シトシンの対
(東京大学出版「生物学資料集」より)

図 3　DNA の二重らせん構造

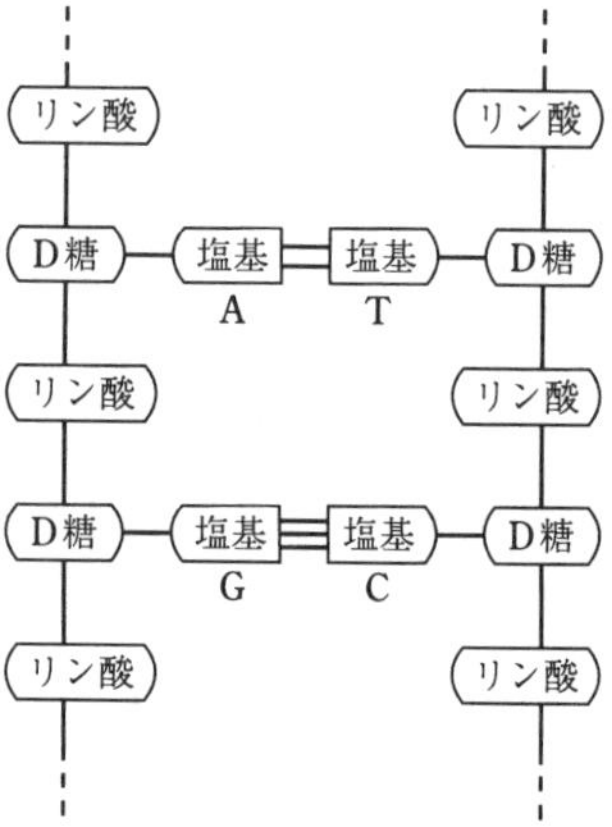

図 2　DNA の構造模式

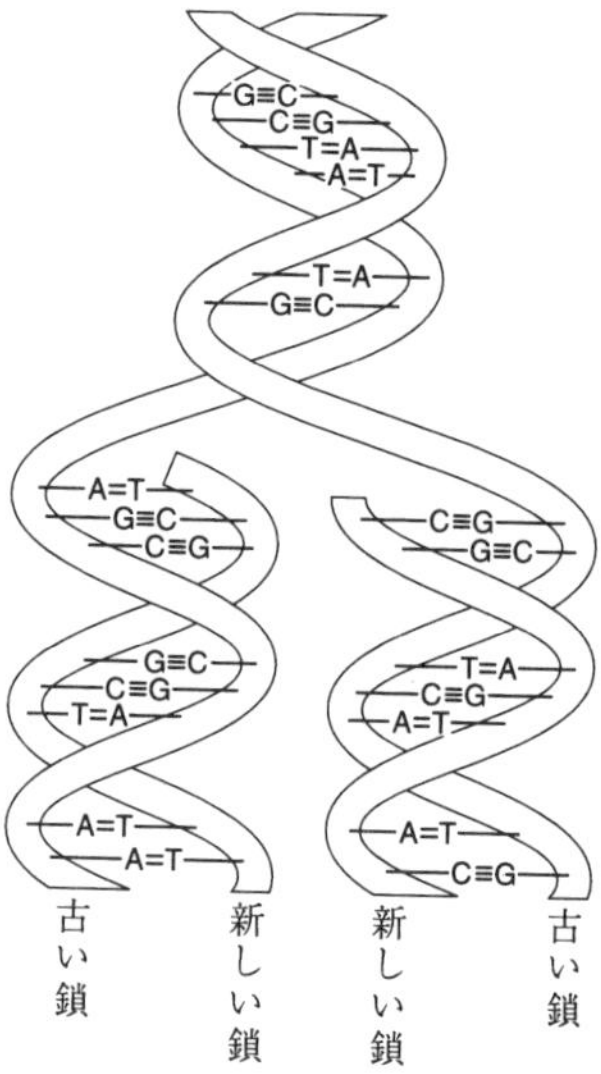

図 4　DNA の複製(木村光「バイオテクノロジーの拓く世界」)

このような単なる化学物質から成る構造のDNAが、生命を持ち、しかも生命の本質の設計図であり、その情報によって、同じ生命が誕生するということは、まことに神秘的といわざるを得ない。

●DNAの複製

DNAは、複製によって自分とまったく同じ構造をもつ子供のDNAを再構成する。図4に示したように、DNAの複製は、まず塩基同士の対のホックが外れ、二本鎖が解かれる。次いでそれぞれ一本鎖となったA、T、G、Cの部分を鋳型にして、AにはT、TにはA、GにはC、CにはGというように、相手方の鎖の配列が相補的に決定され、複製される。このように合成された子供の二本の二重らせんDNAは、どちらも親のDNAと同じ塩基配列をもつ。「親の性質が子供に伝わるしくみ」がここにある。

DNAは、個々の生物種の遺伝情報の担い手である。生物間の類似性を推定でき、生物進化の歴史的化石情報を秘めている。二重らせん構造は安定で、これが種の保存に幸しているが、紫外線や変異剤で不安定となり、突然変異する。それは生物の個体にとって多くは有害なものだが、一方では生物進化の原動力となっていると考えられる。

●タンパク質の組成

生物の体の中では、種々の反応の触媒となってエネルギーをつくり出したり、健康の保持に役立

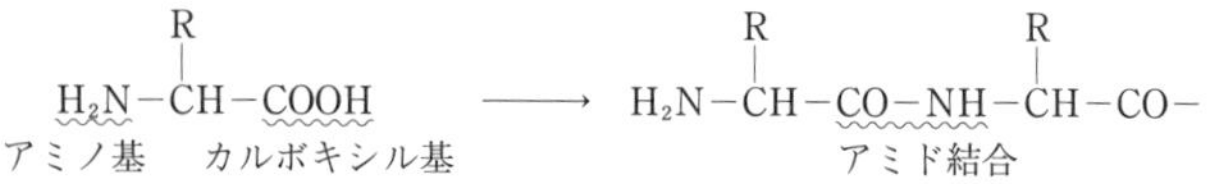

アミノ酸の一般式　　　タンパク質の一般式

図 5

つタンパク質類が合成されている。それらのタンパク質は、ホルモン、酵素、血液、筋肉などのほか、皮膚、髪の毛、目の色などを構成し、その成分はアミノ酸である。

アミノ酸は、分子中にアルカリ性のアミノ基と、酸性のカルボキシル基とを持つ双極性化合物で、固体は一種の塩をつくり、融点も二〇〇度以上と高い物質である。

生物体に必要なアミノ酸としては二〇種類が知られている（表1）。

タンパク質は、アミノ酸が分子間で反応して脱水縮合し、分子中にアミド結合を有する物質である。特にアミノ酸が二個から五〇個つながったものを「ペプチド」、五一個以上結合したものを「タンパク質」と呼び分けている。何千個ものアミノ酸からなる巨大タンパク質もある。

わずか二〇種類のアミノ酸が組み合わさって多種多様のタンパク質が合成されている。

●生物の細胞

生物の細胞は、最も大切な部分の核が、核膜に囲まれている真核細胞と、核を囲む核膜がない原（前）核細胞とに分類される。真核細胞の生物には、動物、植物のほか高等微生物（原生動物、藻類、菌類）がある。また原核細胞の生物は、大腸菌や乳酸菌などの下等微生物の細菌類である。バイオテクノロジーでは、菌類のカビや酵母、細菌類の大腸菌などを、遺伝子組替えを行うときの宿主や、実験生物として繁用している（次節参照）。

表 1 アミノ酸（20 種）

$$H_2N-\underset{}{\overset{R}{\overset{|}{C}}}H-COOH$$

名　称	−R	略記号*2
アラニン	$-CH_3$	A
システイン	$-CH_2SH$	C
アスパラギン酸	$-CH_2COOH$	D
グルタミン酸	$-CH_2CH_2COOH$	E
フェニルアラニン	$-CH_2C_6H_5$	F
グリシン	$-H$	G
ヒスチジン	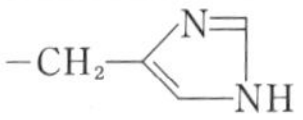	H
イソロイシン	$-CH(CH_3)CH_2CH_3$	I
リジン	$-(CH_2)_4NH_2$	K
ロイシン	$-CH_2CH(CH_3)_2$	L
メチオニン	$-CH_2CH_2SCH_3$	M
アスパラギン	$-CH_2CONH_2$	N
プロリン	欄外*1	P
グルタミン	$-CH_2CH_2CONH_2$	Q
アルギニン	$-(CH_2)_3NH-C(=NH)-NH_2$	R
セリン	$-CH_2OH$	S
スレオニン	$-CH(OH)CH_3$	T
バリン	$-CH(CH_3)_2$	V
トリプトファン	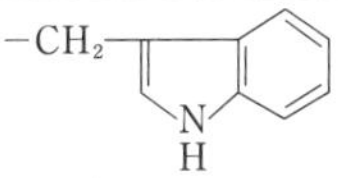	W
チロシン	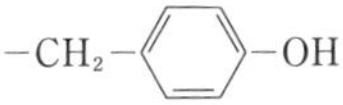	Y

（注）＊1 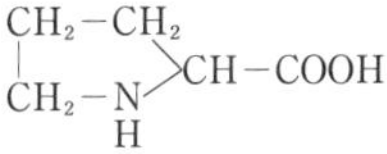　＊2 万国共通。

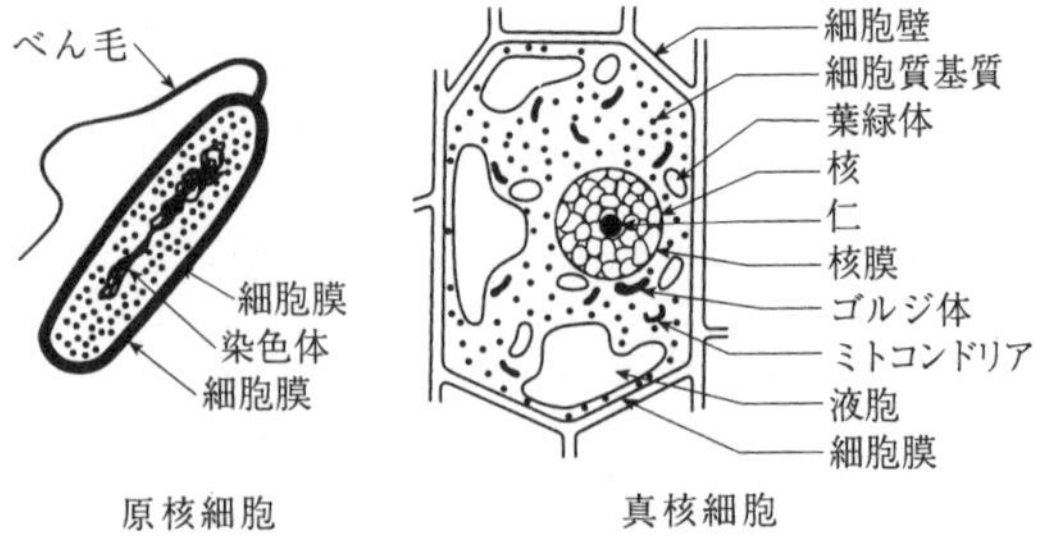

図 6　原核細胞と真核細胞の相違（木村光「バイオテクノロジーの拓く世界」）

表 2　アミノ酸と塩基配列の暗号（遺伝暗号表）

アミノ酸名	略記号*1	塩基配列の暗号（コドン）
アラニン	A	GCT GCC GCA GCG
システイン	C	TGT TGC
アスパラギン酸	D	GAT GAC
グルタミン酸	E	GAA GAG
フェニルアラニン	F	TTT TTC
グリシン	G	GGT GGC GGA GGG
ヒスチジン	H	CAT CAC
イソロイシン	I	ATT ATC ATA
リジン	K	AAA AAG
ロイシン	L	TTA TTG CTT CTC CTA CTG
メチオニン	M	ATG*2
アスパラギン	N	AAT AAC
プロリン	P	CCT CCC CCA CCG
グルタミン	Q	CAA CAG
アルギニン	R	CGT CGC CGA CGG AGA AGG
セリン	S	TCT TCC TCA TCG AGT AGC
スレオニン	T	ACT ACC ACA ACG
バリン	V	GTT GTC GTA GTG
トリプトファン	W	TGG
チロシン	Y	TAT TAC
開　始　符		ATG*2
終　始　符		TAA TAG TGA

（注）　＊1　万国共通。　＊2　二役機能コドン。

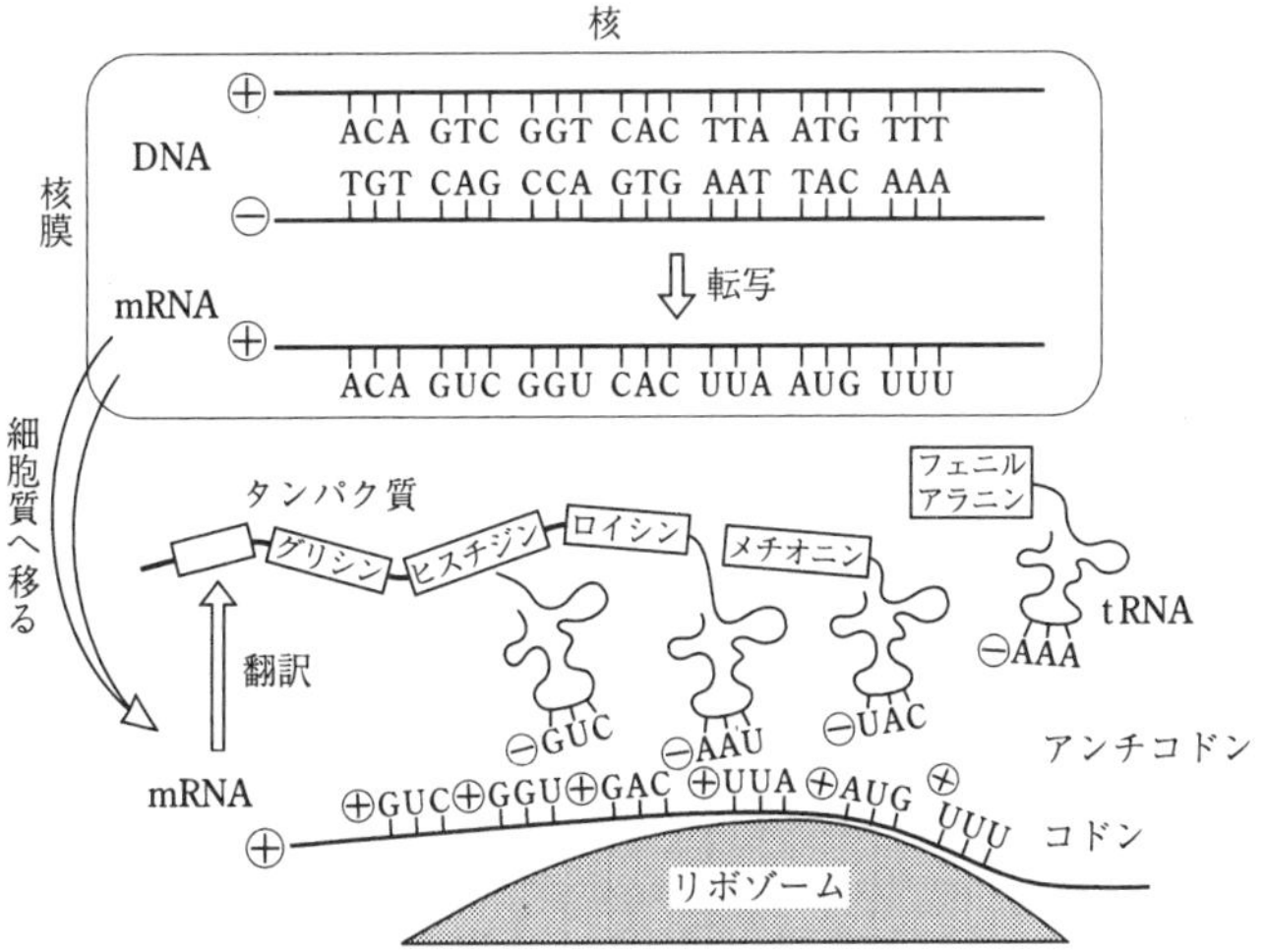

図 7 遺伝子DNAの発現によるタンパク質の合成（木村光「バイオテクノロジーの拓く世界」）

●DNA塩基の遺伝暗号

DNA中の四種類の塩基は、三個一組（三連符、トリプレット）で一個のアミノ酸を規定する。二〇種類のアミノ酸を規定する塩基配列の暗号（コドンという）は、表2に示したとおりである。

一つの暗号は、原則として一つの意味しかもたないけれども、メチオニンに対応する暗号ATGは例外で、転写開始の暗号としても働き、二つの機能をもつ。

遺伝暗号はすべての生物に共通しているので、異なった生物間の遺伝情報が交換できることを示している。

●DNAによるタンパク質の合成

前述のとおり、酵母以上の高等生物の真核細胞では、遺伝子のDNAが細胞の核の中に保護されている。

DNAの情報は、まずメッセンジャーRNA（mRNA）にコピーされ、その情報を受け取ったmRNAは、核膜を通って細胞質に出て、そこにあるリボゾームタンパク質（タンパク質をつくる一種の工場）に結合してその情報を伝える。リボゾーム上では、mRNAのもつ情報に応じ、必要なアミノ酸がトランスファーRNA（tRNA）によって集められ、タンパク質に合成されていく。

原始的な原核細胞では、DNA上の遺伝子の情報がそのまま翻訳されてタンパク質が合成される。

4――バイオテクノロジーの基本技術

バイオテクノロジーが拓いた基本技術には、遺伝子組換え、細胞融合、組織・細胞培養およびバイオリアクター（生物反応器）などがある。

●遺伝子組換え操作

目的とする発現させたい特定の遺伝子部分を切り取るために、試験管中で、まずDNAに制限酵素（一種のハサミ）を働かせる。こうして切り取ったDNA断片を、同じ制限酵素で切断した運び屋DNA（ベクターDNA、プラスミドなど）の部分にはめ込み、糊のはたらきをする連結酵素（リガーゼなど）でつなぎ止め、組替えDNAをつくる。次にこの組替えDNAを、宿主となる生物（例えば大腸菌など）に導入し、増殖させて、目的とする遺伝子情報を発現させる一連の技術である。

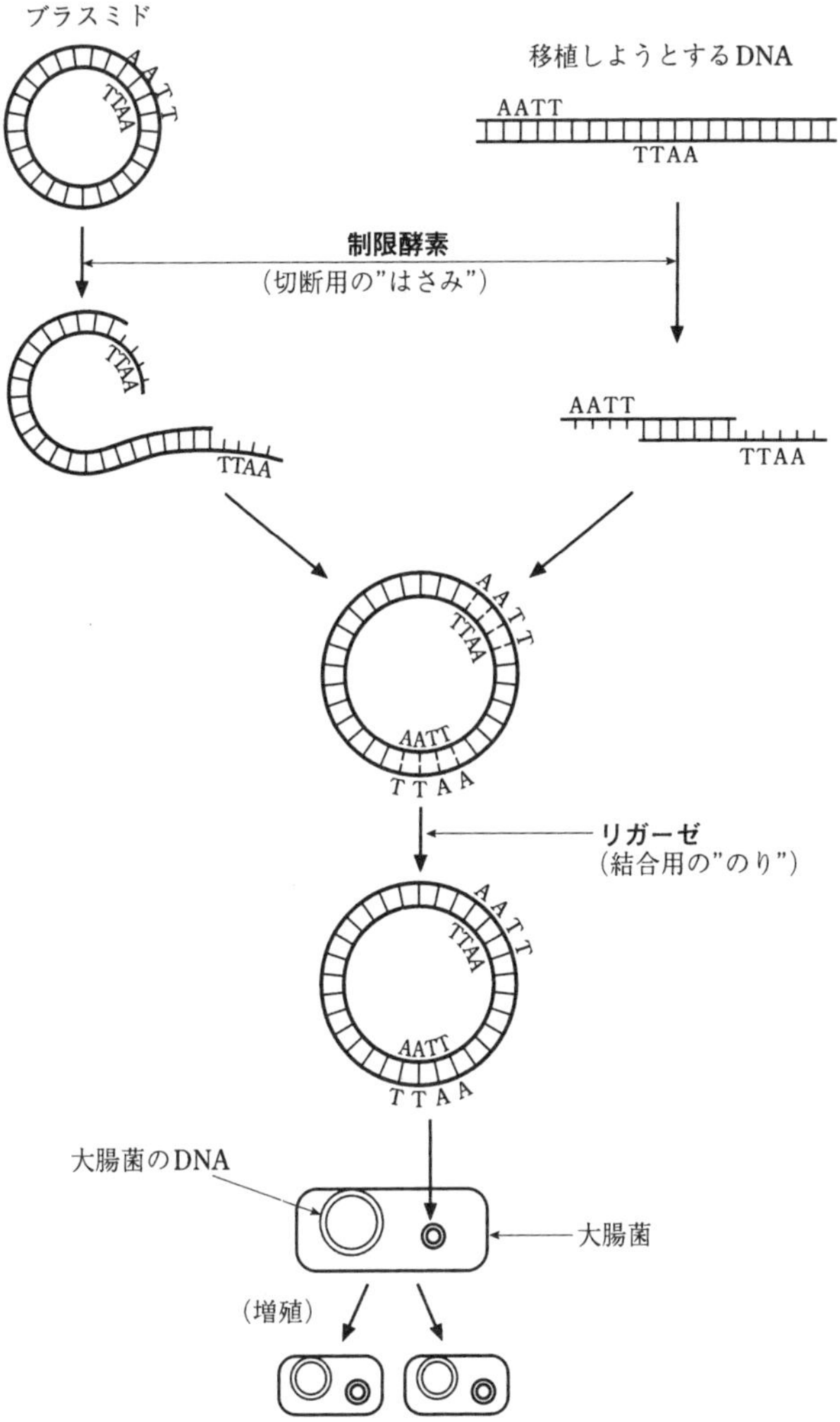

図 8 遺伝子組換え操作（太田次郎「入門バイオテクノロジー」）

表 3　生物の細胞増殖速度

生物種名	時　間
一般細菌・酵母	20〜120 分
カビ・藻類	2〜6 時間
牧草類	1〜2 週間
ニワトリ	2〜4 〃
豚	4〜6 〃
牛	1〜2 ヶ月
人	0.25〜0.5 年

（資料）　木村光「バイオテクノロジーの拓く世界」より。

なお、制限酵素は二〇〇種類以上が知られ、市販されている。同じ制限酵素を使うと、切り口が同じになるので接合しやすい。ベクター（運び屋ＤＮＡ）には、プラスミド（細菌中に寄生している環状態の小さなＤＮＡ）のほかにファージ（細菌につくウイルスのことで、別名バクテリオファージ）がよく知られている。宿主としての生物の条件は、人間に寄生せず安全、かつ増殖が速いものである。一般に枯草菌、大腸菌、酵母、ウイルス、ファージなどが使われている。

この技術を使って、目的の特性をもつ遺伝子を、取扱いやすくて成長の速い生物に導入し、遺伝子の特性を発現させれば、目的のタンパク質を短期に大量生産することができる。これまでの通常の方法では容易に生産できなかったヒトインシュリン、インターフェロン、成長ホルモンなどが短期に大量生産できるようになった。

●細胞融合操作

異種の細胞を合体させて一つの新しい細胞をつくる技術である。

自然界でも、生殖細胞の雄しべと雌しべとの受粉、卵子と精子の受精等の細胞融合が見られるが、バイオテクノロジーでは自然には雑種をつくらない異種の細胞同士をプロトプラスト（裸の細胞）

で融合させたり、また親の違う受精卵同士を混ぜ合わせたり、受精卵を分割したりする。

一九五七年、大阪大学の岡田善雄は、マウスに植えた腹水ガン細胞がセンダイウイルス（ＨＶＪウイルス）の感染で融合することを発見した。それが発端となって異種の細胞を人工的に融合する道が開かれた。実験は当初動物細胞で行われていたが、その後、植物、カビ、酵母、枯草菌、放線菌などの微生物でも行われるようになった。

植物細胞を用いる場合には、植物細胞が動物と違って堅い細胞壁を持つので、次のような操作を行う。まず、細胞壁溶解酵素（リゾチーム、チモリアーゼなど）で細胞壁を溶かし、プロトプラストというまん丸な原形質体を得る。そして、種類の異なるプロトプラストを混合しポリエチレングリコール（ＰＥＧ）を加えて融合させ、さらに特殊な再生培地に移して細胞壁を再合成させるのである。

この細胞融合技術によって、モノクロナール抗体などの医薬品の生産や、新たな植物が創り出されている。例えば、ポテトとトマトの融合したポマト、オレンジとカラタチの融合オレタチなどの記事を読まれた方も多いことと思う。

また、現在では、精液や受精卵の凍結保存ができるようになった。これにより、例えば乳量が多い、肉質がよいといった優良な動物の生産が普通に行われている。人工受精には体内受精と体外受精があり、次のようなバイオ技術が確立されている。それは、遺伝形質の優れた受精卵一個を分割し、複数の子供をつくる技術である。すなわち、受精卵は発生の過程で二個、四個、八個と分裂し

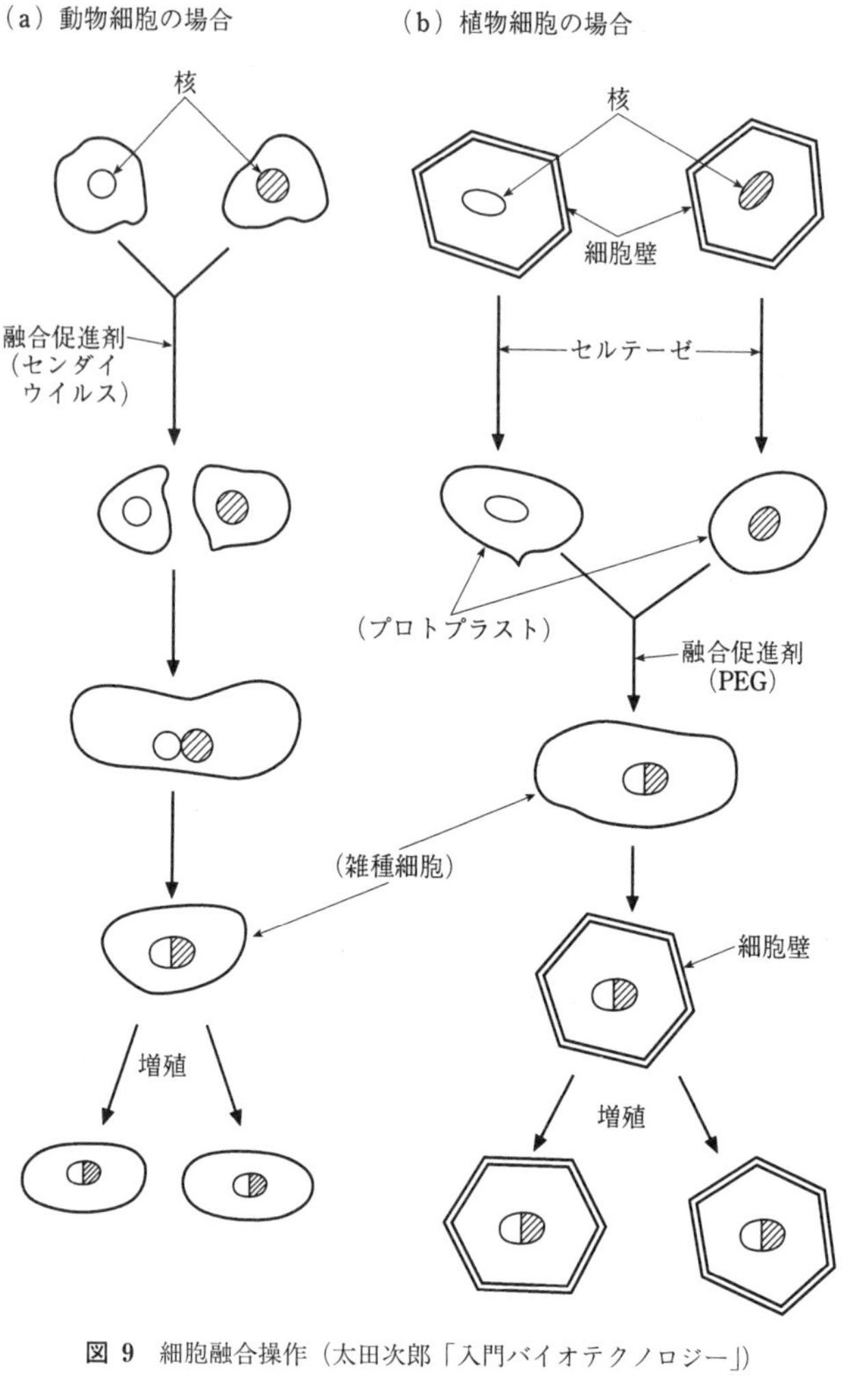

図 9 細胞融合操作(太田次郎「入門バイオテクノロジー」)

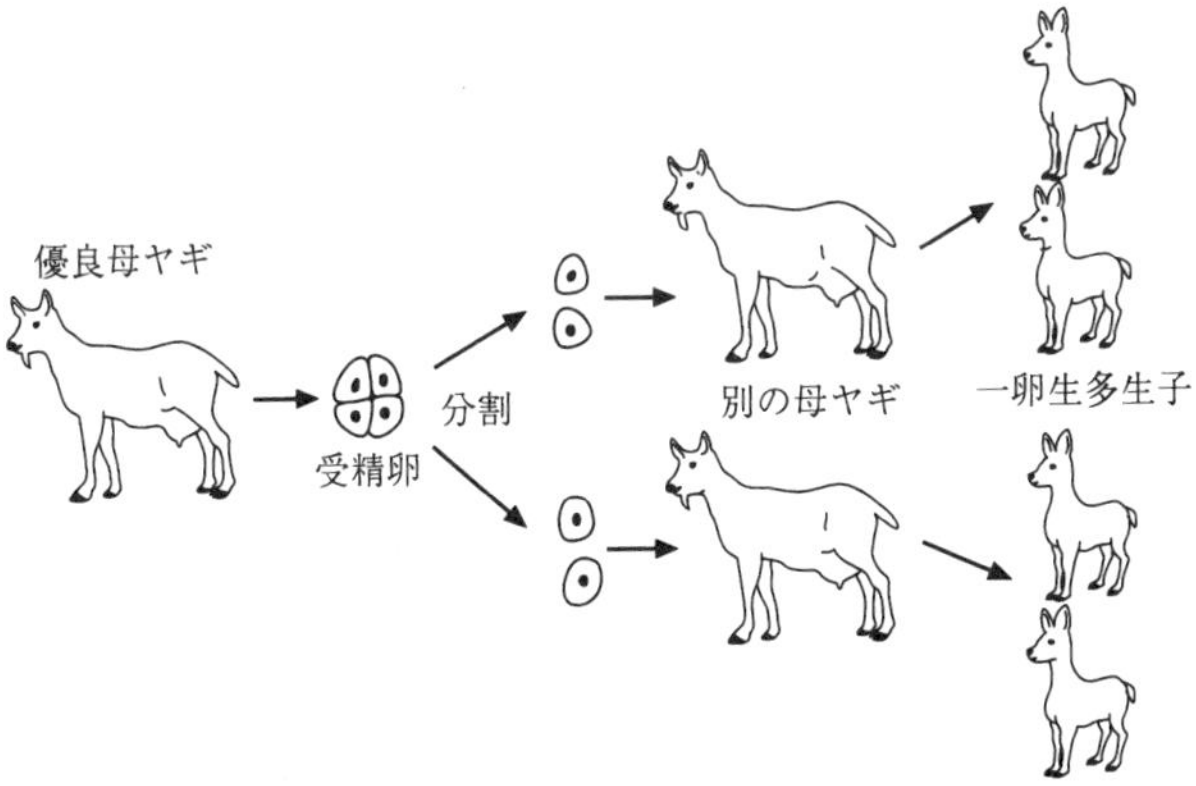

図 10　受精卵の分割と多産（木村光「バイオテクノロジーの拓く世界」）

て成長していくが、それらの細胞を一つずつ取り出して育て、一卵性多生子を人工的に産ませるわけである（図10）。

●組織・細胞培養操作

組織・細胞培養は、遺伝子組み替えや細胞融合を支える技術である。

植物の組織培養には、生長点あるいは茎頂培養、胚培養、葯培養、花粉培養および不定胚形成などの方法がある。ここでは、生長点あるいは茎頂培養を例として概要を説明する。

消毒した植物の生長点組織（〇・一〜〇・二ミリ）または生長点を含む茎頂組織（約一ミリ）を切り取り、それらを適当な培地にのせ、蛍光灯下に置いて一定温度で培養する。約一ヶ月程度で組織片から葉が出て、発根した植物体が現れる。

こうして得られた植物は、無菌土壌に移植され、ウイ

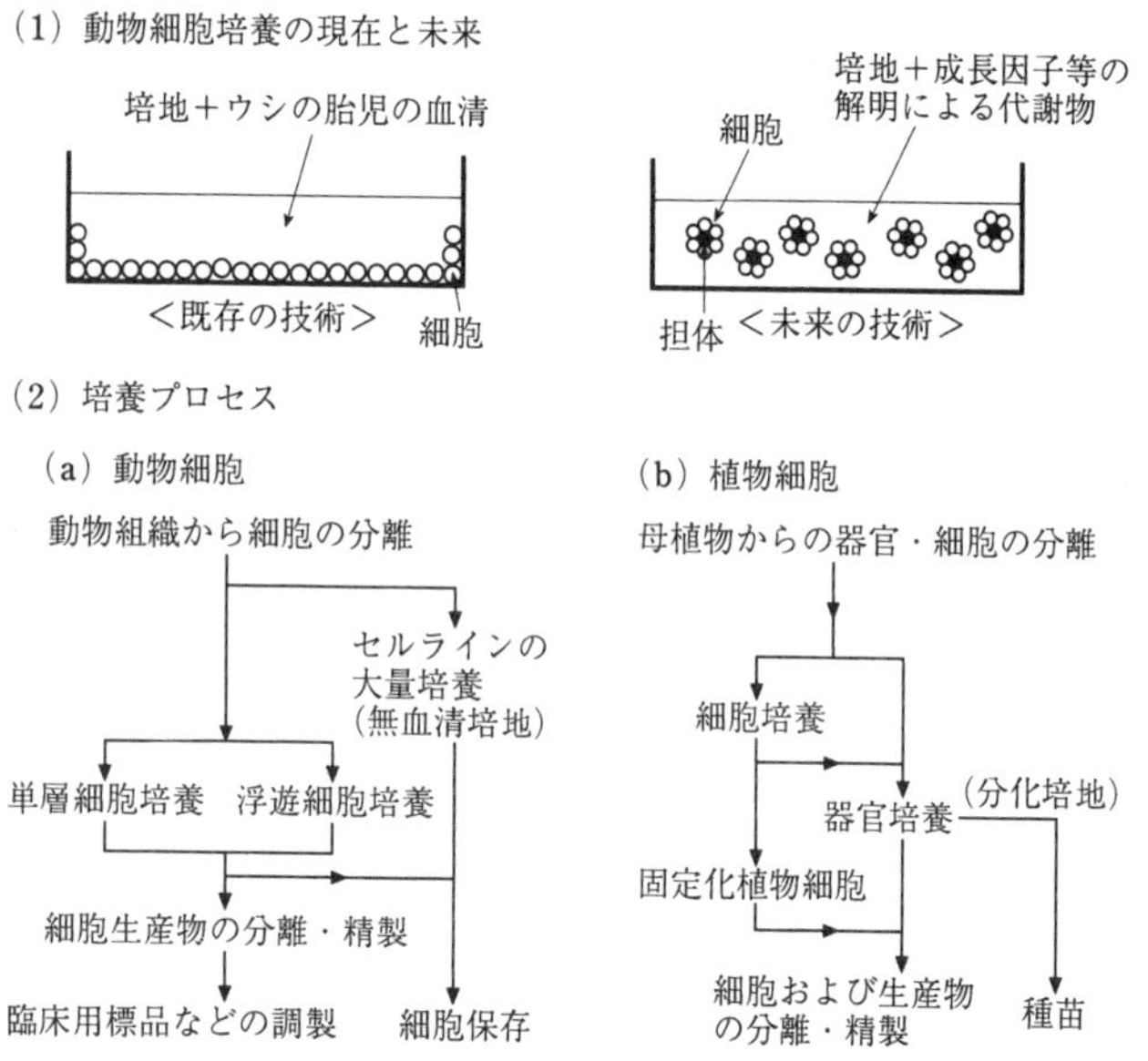

図 11　細胞の大量培養操作（太田次郎「入門バイオテクノロジー」）

ルス病原菌をもたないウイルスフリー菌として供給される。

ここで用いる培地には、液体培地と固形培地とがある。組織培養の代表的な培地としてムラシゲ・スクーグ培地（ＭＳ培地）が知られている。この培地は合成培地であり、栄養源として窒素・リン・カリウム・カルシウム・マグネシウム・硫黄などの無機質、鉄・亜鉛・ホウ素・マンガン・銅・コバルト・ニッケル・アルミニウム・モリブデン・ヨウ素などの微量要素、および糖類・アミノ酸・ビタミン類や植物ホルモン類などの有機物を含んでいる。

ランやユリなどの園芸植物の多くは、組織培養で作り出したウイルスフリー苗から栽培されている。

動物細胞の培養は、植物の組織培養と同様に行われるが、合成培地にさらに種々の成分を含んだウシ胎児の血清などを加え、炭酸ガス下インキューベータ培養が行われる。この方法で、ヒトなどの細胞を大量に培養して医薬品などが生産されている。

●バイオリアクター

バイオリアクターは、生物体（細胞）内で営まれている化学反応を人工容器内で再現する装置で、生物反応器ともいう。細胞内では、タンパク質からなる酵素の働きで、常温常圧下で種々の化学反応が起きている。これを模倣活用する技術である。

その操作について、ブドウからワインをつくる場合を例に簡単に説明しよう。

図12に示したように、まずアルギン酸ナトリウムに酵母を固定させ、それをクロマトカラム管に充塡する。次いで原料のブドウ汁を上部から流し入れると、酵母によってアルコール化され、下部からワインが産出する。その操作はきわめて単純である。

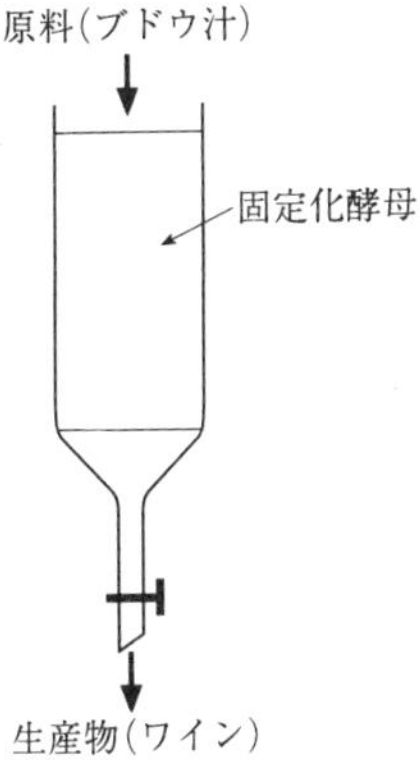

図 12 バイオリアクターの模式図

この場合、固定化酵母を充塡したクロマトカラム管は、ワインを生産するバイオリアクターである。

そこで、酵母の代わりに種々の酵素や微生物を用い、またクロマトカラム管の代わりに大量培養装置を用いることによって、抗生物質、アミノ酸、アルコール類、正油、甘味料などを、工業的規模で生産することができるのである。

5――バイオテクノロジーのメリット

バイオテクノロジーの発達によって、生物に共通の遺伝子を操作できるようになった。しかし、この技術には、人類の将来を託すことのできる確固とした根拠を持つのであろうか。また、環境公害を引き起こす要素はないものだろうか。

本節と次節では、このような視点から少し考えてみたい。

生体中で起こる化学反応を生化学反応という。生化学反応は、生き物が生命を維持するためにエネルギーを獲得したり、身体の構成成分をつくり出すために起こる生命反応である。この反応には、タンパク質である酵素が、触媒として重要な役割を担っているのが特徴である。したがって、生物の機能を模倣するバイオテクノロジーは、酵素反応の工学といっても過言ではない。

生体に必要な物質は多種多様である。それらが生体中で代謝されたり、分解・生成される場合には、また多種多様の酵素が必ず関与する。酵素の種類は実に多い。

それらの酵素類には、機能こそ異なるが、次のような共通した特性がある。

①常温、常圧で機能を発揮する。

②至適 pH は中性付近にある。

③基質特異性である。

④立体特異性である。

●常温常圧で機能を発揮すること

常温は、ヒトが普通に生活している地域の気温と考えれば一〇～三五度、常圧は一気圧である。それは、太陽と地球と月が織りなす自然に適応した条件である。酵素が機能を発揮する条件の一つに温度があるが、各々の酵素には、作用が最も活発に起こる最適な温度（至適温度）がある。至適温度は、ごくまれな例外を除けば、一〇～三五度の範囲にある。

生き物は、細菌やカビなどの微生物から、定着して生きる植物、移動する動物まで多種多様で、また生息域も水中であったり、陸上であったりする。さらに生息環境の温度で体温が左右される変温動物、左右されない定温動物がいる。いずれにしても、それらの生き物の体内の酵素反応には、個々に特有の至適温度をもつ酵素が介在している。

ヒトは三五度前後、細菌やカビは二五～二八度のとき健康的で、よく繁殖する。変温動物のヘビは、気温二〇～二五度で活動的になるが、それより気温が低下したり、逆に三〇度以上では活動がにぶる。それは、酵素の至適温度がずれ、酵素反応が低下したことを意味する。

結論的に言えば、常温常圧の酵素反応は、少ないエネルギーを効率的に活用していると考えられる。

酵素反応と従来の有機合成化学反応とを比較してみよう。

常温常圧で有機合成化学反応が起こることはまれで、通常は五〇～一〇〇度、ときにはそれ以上に加熱したり、五～一〇気圧に加圧して反応させることもある。それだけ余計なエネルギーを費やしている。そして、そのエネルギーを供給するために、石炭、石油、天然ガスなどを燃焼させ、その副産物として、酸性雨の元凶のNOXやSO2を放出している。地球レベルで環境悪化を招いた主因は、大量のエネルギーを消費する有機合成化学反応をベースにしたことにある。これらの産業では、加圧装置などに巨額の設備費も必要である。

この点、酵素反応は全くの省エネタイプであり、同様な環境悪化を引き起こす要素は少ない。酵素反応をベースにしたバイオテクノロジーが期待される理由の一つがここにある。

●酵素の至適pHが中性付近にあること

pH（水素イオン濃度）は七で中性を示し、数字が一になるにつれて酸性が強くなり、一四に近づくにつれてアルカリ性が強くなる。生物の生態系は、極端なアルカリ性でも酸性でもない。筆者はこれに儒教の「中庸の思想」に通じるものを感じている。

さて、生体中で重要な働きをするタンパク質の酵素は、アミノ酸から構成されている。このアミノ酸は、基本的にアルカリ性のアミノ基と、酸性のカルボキシル基をもち、それらがイオン結合してできた中性塩となっている。したがって、酵素自身も極端なアルカリ性でも酸性でもない。すべての酵素の至適pHは、七を中心に五～八の範囲にある。

酵素の至適温度やpHは、生き物たちが地球上に誕生して以来、悠久の時間の流れの中で環境に適応しながら遺伝子の中に刻み込んできた特性である。一方、人間が行う有機合成化学反応では、pHは一～一四までの広い範囲で条件づけをして、自然では見られない種々の副産物を排出し、また使用済みの強アルカリ性物質や強酸性物質を河川や海に流してきた。酵素反応からの廃液が、生き物や生態系に悪影響を与えることは極めて少ないであろう。

●酵素の基質特異性

基質とは、酵素が作用する物質（原料）のことである。また、特異性とは「酵素が作用する物質は特定されている」ということである。したがって基質特異性とは、ある物質に作用する酵素は決まっている。言い換えれば「ある物質に対しては、決まった酵素が作用する」という性質である。例えば、セルロース（植物繊維）に作用してブドウ糖をつくるセルラーゼという酵素は、タンパク質に作用することはない。セルラーゼはセルロースだけに作用する。「馬鹿の一つ覚え」とでもいえようか。

基質特異性は、鍵と鍵穴の関係にたとえてよく説明される。一つの鍵穴（原料物質）には、特定の鍵（酵素）しか合わない（作用しない）。酵素は万能ではないがゆえに、生体中には多くの酵素が必要となるわけである。

さて「馬鹿の一つ覚え」は、どんなメリットをもたらすのだろうか。セルロースを加水分解してブドウ糖をつくる、有機合成化学反応の実験を例にとって説明しよう。

セルロースは水に溶けない。そこで、含水有機溶媒というものを用い、塩酸酸性触媒下で加熱して分解する。こうして得られる反応物には、目的とするブドウ糖を主成分として、セロビオース、セロトリオース、セロテトラオースなどの中間物が混入している。この反応混合物から純粋なブドウ糖を取り出すためには、煩雑な精製操作を必要とする。

これにはもちろん経費と時間がかかる。副産物に用途がある場合は別だが、そうでない場合は廃棄処分が課題となる。加熱のための燃料、そこから出るNOXやSO2、使用済みの有機溶剤や塩酸廃液などの処理。有機合成化学反応では、言葉は悪いが「糞も味噌もいっしょに」出てくる。それでも従来は、それに頼らざるを得なかったから仕方なかったともいえる。しかし、替わるべき方法があるなら、早急に切り換えたいと考えるのは当然である。

同じセルロースからブドウ糖を得るのに、塩酸の代りに酵素セルラーゼを用いた場合には次のようになる。

常温、常圧、中性付近で反応させる。反応物は基質特異性のお陰で一〇〇%のブドウ糖ができ、中間産物や副産物などは混入しない。したがって精製操作もいらないとみてよい。経費の節減にもなる。

ただし、酵素反応では、純度のよいものが取得できるが、やや時間がかかるのが玉に傷といえる。しかし、時代は発想の転換を迫っている。少々時間を要しても、生き延びられるならば、そちらがベターである。要するに、酵素反応によるバイオテクノロジーは省エネであり、クリーンな技術である。

●立体特異性

ふつう立体とは縦、横、高さの三つの次元をもつ物体であるが、化学で立体といえば、化合物の「分子の立体構造」を指す。したがって立体特異性とは、分子の立体構造に対して特異性があることを意味する。

アミノ酸には、立体構造の違いにより、L体とD体と呼ばれる種類(異性体)がある。この二つは分子式は同じだが、鏡に写した場合に、互いに実像と鏡像の関係にある。L体とD体の同量混合物をラセミ体というが、有機合成化学反応でアミノ酸をつくると、ラセミ体ができる。ところが不思議なことに天然のアミノ酸はすべてL体である。また、生物体に必要なアミノ酸はL体である。したがって、アミノ酸を食品や医薬品に利用する場合には、D体を取り除かなければならない。しかし、一般にL体とD体を分別(分割)することは容易ではない。ここで酵素(例えばアミノアシラーゼ)を用いると、L体のみが得られる。これが酵素の立体特異性である。

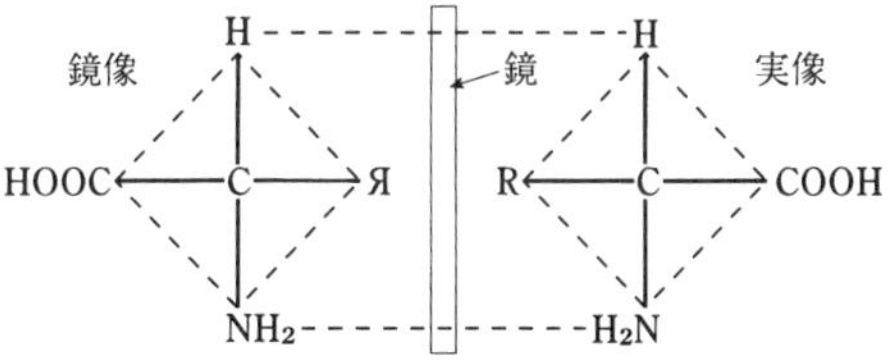

図 13　L-アミノ酸とD-アミノ酸

以上からわかるように、酵素反応は省エネ、クリーンで、無駄がなく合目的で進行する。また環境への負荷も少なく、自然の循環系の中に容易に受け入れられる。石炭、石油、天然ガス等の化石原料をベースにした従来の化学工業と、これから本格的に始まる生き物をベースにしたバイオテクノロジーとは、原理において異なるのである。バイオテクノロジーは二一世紀を拓く産業革命の旗頭になり得るものと考えられる。

6——バイオテクノロジーのリスク

未知には、常に期待と不安がつきまとう。このことは、生き物をベースにしたバイオテクノロジーについても当てはまる。バイオテクノロジーのもつメリットを最大限に引き出しながら、リスクを減らして安全・安心を確保し、社会にどう定着させていくかは、極めて重要な課題である。

●一〇〇%安全・安心なものはない

怖いものと言えば、俗に「地震、雷、火事、親爺」とされるが、これも時代とともに変わりつつある。地震・雷は自然現象でコントロールできないが、それも観測体制が進み、だんだん予測ができるようになった。いざという時の備えも以前と比べればできるようになった。火事・親爺は心がけ次第である。

さて、表4をみていただきたい。一〇〇%安全・安心と考えられるものがあるだろうか。答えは、

表 4　リスク検討資料

項目	内　容	項目	内　容
衣	木綿，ナイロン，カシミロン，ネクタイ	日用雑貨	ポリ袋，石けん，入浴剤，くぎ，金づち
食品	ミネラルフォーター，ジュース，米，砂糖，食塩，オレタチ，フグ，マグロ	乗りもの	人力車，自転車，自動車，電車，新幹線，船，飛行機，ヘリコプター
住	木造，瓦，コンクリートなど家屋	エネルギー	水力，風力，波力，石炭，石油，天然ガス，ウラン，プルトニウム
医　薬（健康）	ウコン，葛根糖，ハブ，DHA，ストレプトマイシン，サロンパス		
毒物	青酸カリ，サリン，DDT，除草剤，殺虫剤，ハブ毒，フグ毒	その他	ウイルス，大腸菌，細胞，遺伝子，乳酸菌，酵母

個人の知識や経験、教育や技術レベル等により違うが、結論は「ない」であるといえよう。ふだん安心して食べている米の中に毒を入れられてはかなわないが、その類の事件も実際に世の中で起こっている。

もちろん、そんな極端な事件は心得違いの者による犯行だが、犯人にしてみれば、犯行の目的を確実に成し遂げるためには、最も安全・安心と思われている食品を狙うのが得策である。どんなものにも皆、このような使われ方をする可能性がある。したがって、物事には一〇〇%の安全・安心などはないことをまず知っておくべきである。

また、安全・安心の本質は、事物を操る人の心にあることも強調しておきたい。

人を生かす心があれば、毒で人の病気を治すことができる。反対に、心が狂っていれば「サリン」をまいて人を病気にする。どんなにリスクが少なく、安全性の高いものでも、操る人の考え方、目的しだいで結果は変わってくる。

毒性も、物質の個性の一つである。それを良くするのも悪くするのも、用いる人、操る人の心次第といえる。

●安全・安心は、教育と技術の向上で高まる

フグは食いたし、命はほしい——毒さえ除けば、美味いフグが安心して食べられる。そのためにはどうすればよいか。まず、フグについて勉強し、どこに毒があるか、そして調理の仕方を知る。次いで実際に、技能を試し、これを何回も繰り返して、熟練する。この間、食当りが出なければ、毒のリスクが軽減し、逆に安全・安心が高まるのである。このパターンが永年続いて安全・安心が得られる。

昨年、茨城県那珂郡東海村のＪＣＯ社で、臨界事故の放射線被爆により死者の出る大災害が発生した。この事故は、監督官庁の科学技術庁、ＪＣＯ社幹部、従業員が競合して起こした人災である。長崎・広島で世界に例をみない原爆の洗礼を受け、ウランやプルトニウムなどの核燃料が放射能を発生する危険物であることは、百も承知のはず。しかも専門技術者がいなければ企業の許可も取れないはずである。社長や他の役員らは、農家が畑で野菜でもつくっているような感覚でいたのだろうか。安全教育や技術革新に対する教育を怠ることは許されない。原子力発電は、リスクを伴う危険な核燃料を利用していることを片時も忘れてはならない立場である。

この災害は、認識（教育）不足と怠慢から生じた人災であり、関係者の社会的責任は免れない。筆者は、この事故について、原子力が悪いのではなく、危険を承知で利用せざるを得ない人たちが、

監督・管理を怠ったために起きたものと断じるものである。したがって、科学技術立国にあるまじきこの事故は、科学者、研究者以外の原因で起きた災害であると思う。災害がないのがあたりまえ、しかもメリットが得られなければ、民衆の支持や信頼は得られない。

●リスクは軽減できるもの

研究者の発明・発見により創出された技術や品物が消費者のもとに届くまでには、研究、開発、試作、大量生産、市場流通、消費者、という各段階がある。一連の流れの中で問題が発生しやすいのは、消費者、生産者、研究者の順であろう。つまり研究者レベルでの事故発生は最も少ないのである。それは研究段階では、技術や物質の本質に最も近い場所に身を置いているからである。つまり、毒性、危険性、利点、効能等を、石橋をたたきながら最小限の実験によって探求しているのである。その意味で研究者は探検家であり、一分の隙が自殺行為と結びつく。すべては自己責任で、他人の入り込む余地はない。したがって、災害を引き起こすような事故は、まず考えにくいのである。

生産者から消費者に至る段階では、技術や物質の本質が伝わりにくい上に、種々な考え方や目的を持った人々がかかわり合ってくるので、問題が多発しやすい。このことは、ＪＣＯ社の放射能漏れ事故も、企業の工場で起きたことを考えれば理解しやすいと思う。

さて、新技術や物質を社会に「安全・安心」な形で定着させるのには、どのような手順が考えられるだろうか。

第一には、研究が完成したからといって企業化を急がないことである。研究成果はあくまでも研究成果であって、製品や商品ではない。この見境いがつかなくて失敗する例も多い。製品や商品にするための企業化には、研究室とは別の情報やノウハウ、技術が必要である。これらのデータを収集するために小規模試験を繰り返す試作・開発段階がある。

試作・開発段階では、まず、研究成果を踏まえて、物事の本質を見極めてメリットやリスクを熟知するように心がける必要がある。次に、様々な角度から収集した情報をもとに、企業化のための試作品をつくる。このときには、研究者の協力を得て、企業化に際して中心的リーダーとなる人材の育成が重要となる。

試作では、必ず問題が生じるといっていい。生産、流通、販売、消費者レベル、環境事前評価（環境アセスメント）など、あらゆる問題を解決しなければならない。場合によっては、万一の事故に備えて、国家レベルでの新法規を制定する必要が生じることもあるだろう。

以上がクリアできて初めて企業化は可能となる。それをないがしろにすることは、大きなリスクを発生させることになる。

企業化がされれば、社会とのかかわりが飛躍的に大きくなる。それだけ人為的事故も多発しやすい。大規模生産段階で事故を起こすと、場合によっては一工場に止まらず、地域、国家、さらには地球さえ壊滅させる可能性もあることを念頭に入れておくべきである。ちなみにＪＣＯ社の事故は、茨城県の陸海に広く影響を及ぼした。

なんと言っても「企業は人なり」である。したがって、専門技術者を中心にした現場技術者の養成や、消費者とのかけ橋となる関係者の教育を積極的に行わなければならない。

ここでの教育こそ、リスクを軽減させるための最大のポイントである。研究者から新技術や物質の本質に関する情報を入手し、これを資料にして充分な教育を施すのである。資料に基づき、試作品などで現物研修も実施する。ここでは、商品を売り込むための教育だけでなく、積極的にリスクも明らかにして正しい利用のしかたを教える。また、万一の事故が起きた場合の対応など、安全・安心教育も行う。こうして一定の教育を受けた者が、消費者に対する啓蒙・普及に当たることになる。

新技術や新物質となれば、それでも消費者段階でクレームや問題が起きる可能性がある。それらは、商品の信頼を高めるための貴重な情報であることも多いので、速やかに対応できるように体制を整えておかなければならない。

リスクの軽減のためには、このように地道な人材の育成と、それによる情報の公開、啓蒙、普及が大切であろう。

我々先進国は、過去に悲惨な公害を引き起こし、現在もまた深刻な地球規模の環境破壊を招いている。今や運命共同体となった「宇宙船地球号」はパンク寸前。国、生産者、消費者が三位一体となって、安全・安心でリスクの少ない「物」を創りたいものである。

●バイオテクノロジーに対する「不安感」

「バイオテクノロジー」という言葉がマスコミなどにもて流やされるようになって久しい。この言葉は、一般にはどのように受けとめられているのだろうか。

表4の「その他の項目」は、バイオテクノロジーの関連語を示している。これらを見て、読者はどう感じるだろうか。

ウイルス、大腸菌、遺伝子については「恐い」「いい感じがしない」「病気」「不安」「やり過ぎ」といった否定的な声が聞こえるようだ。これらには全く「期待される部分」はない。

乳酸菌、酵母については、「乳酸飲料」「パン酵母」「食味感ある」「身近かな感じ」といったところだろう。

三菱生命科学研究所の中村桂子らが行った、一般人のバイオテクノロジーに対する意識調査でも、大腸菌では「汚い」「なじみがない」、遺伝子治療に対しては「恐い」「不自然」など「不安感」が強かった、という結果が出ている。

当然といえば当然である。一般の方々がマスコミから得るウイルスや微生物に関する情報といえば、インフルエンザやエイズウイルスであり、病原性大腸菌O一五七であり、不治の遺伝病である。これでは「不安感」がない方がおかしい。一方、乳酸菌や酵母など、カルピスやパンなどですでに食卓でも馴染みのものもある。これらとて「不安感」が強くなれば市場から消え去るはずだが、そうはなっていない。

以上のことから何がわかるかといえば、初めてのもの、よくわからないもの、悪い情報がインプットされたもの等に対して不安感を抱くのであり、それは何もバイオテクノロジーに限らないということである。過去には、蒸気機関車、電気、宇宙飛行も同じような「不安感」をもたれている。不安感が強いことは、それだけバイオテクノロジーがこれから始まる新しい技術であることの証しでもある。以上のようであるから、現状では、バイオテクノロジーに期待しているのは、研究者や企業家、有識者の一部だけである。一般の方々は、期待どころか半信半疑の「不安の渦中」にあるといって過言ではない。したがって、バイオテクノロジーの啓蒙・普及にあたっては、このことをよく認識しておく必要がある。

●バイオテクノロジーのリスク

それでは、未知の技術、バイオテクノロジーについて、その本質を知る専門家たちはどんなことを不安に思っているのだろうか。これは大きな問題である。

不安の種はつきないが、彼らの不安を集約すれば次のようになる。

不安の第一は、生命の根幹をゆるがす未曾有の技術、遺伝子操作にあるといえる。生命の奥深くに科学のメスを入れ、人工的に直接遺伝子を操る技術であるから、この技術が思いもよらぬ新生物を生み出す可能性が高まっている。

新生物がいつも人間に都合よく働き、地球の生態系にもよく適応し、馴染んでくれればよいが、逆に人間に襲いかかって殺したり、疫病を感染させたり、ガン（癌）化させたり、災害をもたらすこともあるわけである。これを「バイオハザード（生物災害）」と呼んでいる。人間にも良い人と悪い人がおり、大腸菌にも病原性大腸菌と無害な大腸菌がいるように、不測の事態で、悪い生物が出現しないという保証はない。

第二には、「バイオエシックス（生命倫理）」の問題がある。

遺伝子という侵すべからずの領域を、人が意のままに操り、家畜や他の動物並みに、一卵性多生児という全く同じ遺伝組成をもつクローン人間（複製人間）をつくったり、はたまた男と女を生み分ける。このようなことは、かつてなかったことである。このほか、遺伝子診断、遺伝子治療、受精卵の廃棄、障害胎児への差別、優性学上の個人・民族の差別、植物人間の治療、脳死、臓器移植、などで新しい問題が次々と浮上している。技術の発展の果てには、自分か他人かの区別さえ判然としなくなる日がやってくるかもしれない。

バイオテクノロジーは、このように生物学的なリスクのほかにも、重大な倫理的、社会的問題をはらんでいるが、これらに関する事実を少し述べておく。

一九七〇年代に始まった遺伝子操作の多くの実験結果の範囲では、当初に考えられたような生物災害等は起りにくいことがわかっている。つまり、新生物は出現したとしても環境に適応しにくく、遺伝子の発現も容易ではない。このため最近では、初期のような厳しい研究のための規制も緩和されつつある。

経済協力機構（OECD）は、一九八二年頃よりバイオテクノロジーの安全性を検討し、一九八六年には、「遺伝子操作技術に関する特別な法律を制定すべき科学的根拠はない」という理事会勧告を出している。その後、一九九一年には、それまで生産工程で行われていた安全性評価も、最終生産物の特性に応じた評価に変換された。現在では、遺伝子操作は体細胞に限り、子孫に影響を及ぼす可能性がある生殖細胞には行わないこと、および病原性菌の大量培養を規制すること程度となっている。しかし日本では、一度決めたことの見直しがなかなか行われないため、規制は厳しいまま残っている。このため、研究の障害にもなっており、また、バイオ製品を市場に出すことも難しい。せっかくの先端技術が死蔵されている面もある。

研究者が自ら安全性に留意し、一定のルールを守りながら研究を続けることは当然だが、過剰な制限・規制は、バイオテクノロジーの発展に重大な障害になるので改めてほしいものである。

バイオエシックスについては、正しく対応していくためには、しっかりした科学的生命観や自然観などをもつことが必要であろう。

第6章

生物が主役のバイテク時代

オオトラツグミ（撮影　©勝　廣光）

動物、微生物、植物などの生き物は、コピー（複製）により自分と同じものをつくり出す、共通の自己増殖能をもち、合目的性がある。また、それらは、極めて少ないエネルギーで、しかも「ムリ」なく、「ムラ」なく、「ムダ」なく行われている。

生物のこの優れた特性や種々の機能を模倣、活用してエネルギーをはじめ諸々の産物をつくり出し、環境の保全を図りつつ、人類の福祉と持続的な繁栄に役立てよう、というのがバイテク時代の技術である。

ここでは生物が主役となる。

南海の孤島「奄美」に、比類のない多種多様の生き物たちが生息していること、またそれらを操る技術については前に指摘した。二一世紀に生きる人類の命運は、それらの生物を「どう生かすか」にかかっている。そこで、まず、生き物たちがどのような機能をもっているのか、それらの意義を考えてみたい。

1——生物機能は打ち出の小槌

生き物には、実にさまざまな機能がある。またヒトには及びもつかない能力をもつものがある。走る・飛ぶ・泳ぐ・潜るなどの運動能力、また遠くまで見える、微かな音も聴き分ける、わずかな臭も嗅ぎ分けるといった感覚能力は、超能力にさえ思える。繁殖のしかたにも、分裂、出芽、栄養生殖、胞子による生殖、合体、接合、受精および単為生殖がある。身を守る防御機構としては、

表 1　生物の機能とその応用例

生物の能力	生物能力の発現様式（機能）	人間による生物機能の応用例
運動	走る，飛ぶ，泳ぐ，潜る，投げる	自転車，自動車，飛行機，船，潜水艇，弓矢，鉄砲
知覚	考える，判断する	人口知能
感覚	見る，聞く，触る，嗅ぐ，味わう，バランス，スピード	テレビカメラ，マイクロホン，圧力センサー，ガスセンサー，ジャイロコンパス，加速度計
食餌	道具の利用，寄生，共生，夜光性，発光	飼育，栽培，漁労，養殖，食品加工，殺菌，貯蔵
繁殖	分裂，出芽，栄養生殖，胞子生殖，世代交代，合体，接合，交尾受精，単為生殖	人口受精，細胞融合，遺伝子組み換え，組織培養，クローニング
防禦	寄生，変色，変温，共生，渡り，免疫	建設，土木工事，衣服，冷暖房システム，医療，医薬品，武器
生産	体内必要物質，メタンガス等放出，酸素の放出（炭酸同化作用），生体，酵素澱粉	インシュリン，インターフェロン，成長ホルモンなど

寄生、共生、変色、変温、渡り、免疫などがあるし、食餌のとり方にしても、道具を使うもの、寄生・共生するもの、あるいは昼間行動するものと夜行性の別など、種々様々である。

また、食餌をもとに体内でつくり出される生産物には、タンパク質、炭水化物、脂肪、酵素、ビタミン、ホルモン、生理活性物質などの有機物や、各種ミネラル、酸素、水、炭酸ガス、アンモニア、窒素などの無機物がある。それらの産物の中には、ヒトの栄養源になるもの、薬になるもの、毒になるものなどがある。

そのほか、容姿形態が小さいものから大きなもの、太いもの、細いもの、丸いもの、角ばったもの、長いもの、短いもの、高いものから低いもの、さらに、春に芽をふくもの、花を咲かすもの、秋に落葉するもの、実を熟するもの、冬に実が熟するもの、春に発情するもの、しないもの、年中発情するもの、春に産卵し、ふ化するもの、また、生長の速いもの、遅いもの、寿命の短いもの、長いもの等……。

生物の機能や能力は実に千差万別である。それらをつかさどる情報収集・処理・記憶・発信や生産機能、行動の仕組みなどを学び、生かさない手はない。

生き物たちのすぐれた機能は、一朝一夕にして獲得できたものではない。それらは、それぞれの生物が、永い間、連綿と生きつづけてきた環境の中から、種の保存や個々の生存に欠かせないものとして遺伝子DNAに刻み込み、伝え続けてきた情報であり、生物種の個性とみなすことができる。人類は、生物が遺伝子DNAに刻み込んだ情報を、遺伝子操作によって取り出し、その情報に関する暗号まで解読できるようになっている。それによって、Aの生き物のDNAを摘出して、Bの生き物のDNAに組み込み、Aのもつ機能を、Bで発現させることもできるようになった。

例えば、インシュリンは、糖尿病患者に欠かせない治療薬だが、これまでは思うように供給できなかった。それが、人間のDNA上のインシュリン情報部位を、大腸菌のDNAに組み込み、この組み込み大腸菌を培養することによりインシュリンを製造できるようになった。大腸菌は、生長が速く、取り扱いが容易なため、インシュリンの大量供給が可能である。

同様にしてインターフェロンや成長ホルモンなどの医薬品もつくることができる。また自然の中で永年にわたって行っていた品種改良なども、極めて短期間に行うことができるようになり、環境浄化や食糧供給にも用いられ始めた。自然の中では、すべての生物の存在が意味を持っている。

これらの事実からも推察されるように、生物種が多いことは、個性的な機能をもつＤＮＡが多いことにつながる。それによって諸々の可能性が開けてくるわけである。奄美が注目されるゆえんがここにある。

合成化学工業では、石炭や石油が重要な原料であったが、バイオテクノロジーでは、生き物が重要な素材となる。

2――バイテク時代

一九七〇年頃に、バイオテクノロジーの中心的な技術、遺伝子組み換え操作が開示されてはや三十年が過ぎようとしている。この間、バイオテクノロジーへの期待の大きさと並行して、安全性の問題が提起された。しかし科学者の永年にわたる慎重な研究の結果、当初心配されたような「危険はなさそうだ」ということがわかってきた。この時点から厳しい規制やガイドラインも見直されており、いよいよ本格的なバイテク時代が始まろうとしている。すでに医薬品や食品分野では一部が実用化され、知らぬ間に我々がその恩恵に浴しているものもある。

西暦二〇〇〇年におけるバイオ関連企業の総売上げは、十兆円とも十五兆円とも予測されている。また、アメリカのＦＤＡ（食品医薬品局）長官フランク・キング博士は「二一世紀には、バイオテクノロジーの恩恵を受けない人はいないだろう」と発言している。

この項では、各分野におけるバイオテクノロジーの応用の概況を紹介したい。

バイオテクノロジーは、医療・医薬品、食品、農業、畜産、化学、鉱業、エネルギー、環境、その他、ここでは触れないが水産、林業、化粧品、辛香料およびエレクトロニクスなど、あらゆる分野に及んでいる。

遺伝子組み換え技術は、医療・医薬品分野で興った。それは、病気が人の生命に直接かかわる問題であり、しかも開発された製品の付加価値が見込めたからであろう。その後、その技術の成果が広く研究者や企業家などに注目され、食品とくに発酵工業、農業に点火、さらに各分野に研究が広がった。今や世界の先進国が、先端技術として命運をかけて研究を競っている。

基礎研究面では、アメリカが先発しているというのは関係者が等しく認めるところである。残念ながら科学技術立国の日本は、遅れをとっている。その原因は、個人のアイディアや独創性に対する日本人社会の評価の仕方などもあって複雑である。いずれにしてもあらゆる施策を講じて遅れを取り戻し、特許権などを取得できるようにする必要があろう。

他方、応用面では、微生物を利用する発酵工業の輝しい技術をもつ日本が、期待されている。しかしこの場合、常に特許権の使用料を支払うことになる。このような意味合いからも、安全性の確認ができた時点で早目に、厳しい日本の実験規則をアメリカ並みに見直し、研究を支援することが肝腎である。

さて、医療・医薬品分野（表2）では、遺伝子組み換え、細胞融合、バイオリアクターおよび細胞・組織培養といった各々の特長、および微生物宿主の機能をうまく生かしながら、今日、死亡率

表 2 バイオテクノロジーの医療・医薬品分野への応用

技術	主 な 内 容
遺伝子組み換え	○酵素(ウロキナーゼ，ヘバリナーゼ，アルコール脱水素酵素)，○ホルモン（成長ホルモン，インシュリン，プロラクチン，レラクシン，ガストリン，エリスロポイチン，トロンボボイチン，コリオニック，ゴナドトロピン，メナボーザル，ゴナドトロピン，ステロイド)，○ワクチン(インフルエンザ，脳炎，ヘルペス，アデノウイルス，抗B型肝炎，マラリア，コレラ)，○ビタミン類，○タンパク質(特定の抗原タンパク質，血液因子，アルブミン，抗トロンビン，フィブロネクチン)，○生理活性ペプチド，○改良および新規抗生物質，○抗ガン・抗ウイルス剤（インターフェロン)，○血栓溶解剤，○悪性貧血治療剤（エリスロポエチン）○遺伝病の治療
細胞融合	○モノクロナール抗体活用によるガンミサイル療法剤，○高純度免疫物質の大量生産，○正常細胞遺伝子をもつ増殖速度大の細胞作出，○各種感染症，血液系疾患の診断薬，○妊娠，排卵期判定等の診断薬，○生活習慣病などの検査試薬
バイオリアクター	○抗生物質の連続供給，○生体成分の分離，濃縮，精製，○血清中の尿酸の自動分析，○尿毒症，○バイオセンサー（臨床検査，発酵プロセスの管理)
細胞・組織培養	○ハイブリドーマによるモノクロナール抗体の産生，○無血清培地の開発，○ワクチン（ポリオ，インフルエンザなど）の製造，○シコニン（鎮痛剤）の生産，○診断薬（ガン検出キッド)

表 3 バイオテクノロジーの食品分野への応用

技術	主 な 内 容
遺伝子組み換え	○植物糖，デンプン，セルロース等の生産能を促進する微生物，○アミロペクチン，大豆タンパク，カゼイン，アミノ酸，プルラン等を生産する微生物，○植物生理活性成分を生産する微生物，○パン酵母の活性改良，○ワイン酵母のアルコール耐性改良，○乳糖分解酵素の耐熱性改良，○発酵タンパクの改良，○乳酸菌の消化液耐性改良
細胞融合	○有用微生物の作出，育種
バイオリアクター	○異性化糖の製造，○低乳糖牛乳の製造，○オリゴ糖の製造，○プロテアーゼによるチーズの製造，○乾燥卵白の製造，○無苦味果汁の製造，○核酸系甘味料の製造，○正油の製造，○食酢の製造，○酒類の製造，○ワインの製造，○ビールの混濁防止
細胞融合	○非糖質系甘味料：サボティラ（チクル)，ステビア（ステビオサイド)，○シコニン誘導体色素

表 4　バイオテクノロジーの農業分野への応用

技術	主 な 内 容
遺伝子組み換え	○改良および新規植物変種，○動物性タンパク質を含む作物，○高品質で成長の速い作物，○効率的光合成反応の作物，○窒素肥料自給（空中窒素固定）作物の作出，○植物成長ホルモン（サイトキニン），○病虫害，冷害耐性の作物，○昆虫フェロモン，○特異性の除草剤，殺虫剤
細胞融合	○新品種の開発：オレタチ（オレンジ＋カラタチ），ハクラン（キャベツ＋白菜），千宝菜（キャベツ＋コマツナ），ヒネ（イネ＋ヒエ），ポテト（ポテト＋トマト），○収量，品質の高い作物，○耐寒性，ウィルス性，害虫性の強い作物
バイオリアクター	○有用物質の生産
組織培養	○有用物質：ニチニチソウ（アジュマリシン，セルベンチン，ビーブラスチン），ヤマイモ（ディオスゲニン），ヒヨス（ヒョシアミン），ラベンダー（ピオチン），ハナキリン（アントシアニン），ムラサキ（シコニン），コウライニンジン（サポニン），○成長点培養でウイルスフリー苗：ヒヤシンス，イチゴ，○種苗生産（クローン増殖），○除虫菊（ピレスリン）：殺虫剤

表 5　バイオテクノロジーの畜産分野への応用

技術	主 な 内 容
遺伝子組み換え	○家畜の品種改良，○飼料添加物（新規抗生物質），○ワクチン（抗口蹄病），○動物病の診断・試薬

表 6　バイオテクノロジーの化学分野への応用

技術	主 な 内 容
遺伝子組み換え	○化学品・溶剤の生産：アジピン酸，イソプロパノール，ブタノール，アセトン，フルフラール，グリセリン，グリコール，ワックス，高分子化合物，酸アルケン，潤滑剤，○水素と炭酸ガスの生産
バイオリアクター	○基礎化学品生産，○ ATP の生産，○グルタチオンの生産，○各種アミノ酸の生産
組織培養	○ハナキリ（アントシアニン）染料

表 7　バイオテクノロジーの鉱業分野への応用

技術	主　な　内　容
遺伝子組み換え	○金属を代謝する微生物の作出(低品位鉱のバクテリアリーチング：銅，ウラン，ニッケル，亜鉛の抽出)
細胞融合	○有用微生物の育種

表 8　バイオテクノロジーのエネルギー分野への応用

技術	主　な　内　容
遺伝子組み換え	○太陽エネルギーを利用して水から水素をつくる微生物，○下水スラッジからメタンガスをつくる微生物，○エネルギー源として有用な植物，○バイオマス生産（エタノール，メタノール，メタン，微生物，タンパク質)
細胞融合	○有用微生物の育種
バイオリアクター	○エタノールの製造，○メタノールの製造，○水素ガスの製造，○石油をつくる

表 9　バイオテクノロジーの環境分野への応用

技術	主　な　内　容
遺伝子組み換え	○石油廃液処理微生物，○生活雑排水，産業排水を浄化する微生物，○有害化学物質を分解する微生物(除毒)，○化学品の分解微生物，○空気，水，土壌の環境微生物制抑系の改善
バイオリアクター	○汚染物質の分解除去（赤潮の原因である窒素化合物の除去)

の上位を占める脳卒中、心筋梗塞、ガンなどや、難病、遺伝病の治療に応用されている。その結果、二一世紀には、さらに人類の寿命が延びることとなるだろう。高齢化、人口増は新たな局面を迎える。

人口増に付随する課題として、食糧がある。現在世界人口は、約四五億人、その中で食事を毎日まともに摂っている人口は、約二割足らずの九億人以下と推定されている。現状で年一億人ずつ増え続けると、二〇二五年頃は七〇億、二〇五〇年頃に百億人ほどとなる。この数字は、地球に住める人口の限界であるといわれている。増え続ける人口を賄うためには、当然現状の農林畜水産業、食品、発酵工業では、対応ができない。農業で言えば、熱帯雨林を伐採、枯渇させ、焼き畑で作物を収穫する構造は、天候にも左右される上に、環境への負荷が大きい。これはタコが自分の手足を食べている姿に似ている。そこで、考えられることは、創意工夫により「狭い土地から増収できないか」である。すなわち、農業を工業化すること、一次産業から二次産業に構造変換することである。この際、何を、どのような方法で生産するかが問われるが、バイオテクノロジーはそれに応えている。農業、畜産および食品分野における応用内容はそれをよく物語っている。今後一〇～二〇年以内にこのような技術が確立できれば、それをもとに農業を二次産業に変換できるだろう。

次に人口増・食糧に加える課題としてエネルギーがある。

一九四〇年代に石炭から石油に替り、その石油も底が見え、一九七〇年代から核燃料の原子力が登場した。しかし全エネルギーに占める原子力エネルギーは、数%どまりである。核燃料は、無尽蔵と期待されたが、残念ながら管理上の問題などから安全性に疑問がもたれ、各国で民衆の同意を得難く、考えていたほど伸びていない。

ここまでくれば、クリーンな太陽光をはじめ、風力、水力、波力および地熱などの自然エネルギーを、効率的に活用することが嘱望される。同時に石油代替燃料として、微生物や植物などのバイオマス（生物資源）を活用し、エタノール、メタノールおよびメタンなどをつくり出すことが必要であろう。エネルギー分野でのバイオ利用技術も進んでいくにちがいない。

●環境問題

人口が増え、衣食住を充しながら生産活動を行うと、不用なもの、有毒・有害物が大量に廃棄される。それが現状の生産システムのもつ特徴である。廃棄物が自然の生態系の中で処理できる間はよかったが、今やそれらの処理能力を越えてしまった。そこに住む微生物や動植物などが絶滅の危機に瀕し、生態系も損われている。これが一般に言われている環境汚染、環境破壊である。

環境問題の厄介さはガン（癌）に似ている。

食糧問題であれば、一日三食のうち一食でも二食でも抜けば、たちまち空腹を覚え身に応える。また、エネルギーであれば、寒い時に熱源がない、夜になって暗いとなればこれまた直ちに身に感ずる。すなわち、我が身ではっきり自覚できるので、対応もそれなりに容易である。

他方、ガンは、痛くも痒くもないうちに発生し、どんどん大きくなる。「痛い」と感じたら、ときすでに遅く「死の宣告」が待ち受けている。環境問題も同じである。直接身に応えないから、一人や二人がフロンガスを「ぽい棄て」する。それが高じていつのまにか「太陽の日射しが強い」「生き物たちが静かになった」「植物が枯れてきた」と思ったら、オゾンホールが拡大し、ヒトも一巻の終わりとなる。まさに環境問題は、人間社会のガンである。

しかし、ガンは臨終の前に予防し、早期発見により治療することもできる。同じように、何かの生産設備を新設する場合にも、事前に環境アセスメント（環境事前評価）を行い、また稼動中は、常に有害・有毒物の発生に目を光らし、疑わしき場合には、稼動を中止して精査・善処するのである。ただ、ガンと本質的に違うことは、最悪の場合、ガンは本人がご臨終すれば済むが、環境破壊には扉も国境もなく、運命共有、連帯責任の事態を招くことである。四五億人の地球住民が瀕死の状態で懺悔を迫られることも考えられる。

したがって、先進国も後進国も、国連を中心に地球環境に対する共通のルール、規制およびガイドライン等を作成し、地球住民の認定資格条件として徹底的な教育を施すべきである。違反者は、単に罰金を支払えば済まされるというものではない。極端かもしれないが「自己の生命と引き換える」ほどの責任が求められるべきであるといえる。企業活動も今後は、環境を無視したやり方では相手にされない。

さらに、環境に対して認識を新たにしなければならないことがある。

生命の起源まで遡って考えてみると、「生命の誕生に適しい環境が整う」ことによって初めて生命が誕生できたのであって、「生命があって環境が整った」のではないということである。生命体の人間が、決して環境を整えたのではない。無限のエネルギーが注がれ、水が与えられ、栄養分（食糧）が供給された環境の中に、生命が、人間が育まれたのである。この意味でも、人間は自からの生活を律し、環境を汚染・破壊しないように生きていく責務がある。

さて、この環境問題を解決するためには、従来の人間の心の持ちようを変えるとともに、具体的に汚染や破壊が本質的に生じないような、「ムダ」「ムリ」「ムラ」のない生産システム、生活システムを構築することが何よりも大切である。現状における環境分野へのバイオテクノロジーの応用（表9）は、どちらかと言えば、これまでに拡散された汚染物質を除去する方向にあった。来るべきバイオテクノロジー時代には、生き物を味方に、クリーンな環境を取り戻し、時間的にゆったりした、安心して住める優雅な環境を期待したい。

3——バイオテクノロジーに期待するもの

●循環型社会の構築

二一世紀に地球住民が求めるべき社会は、循環型の社会であろう。循環型社会とは、地球上でヒトを含めたすべての生き物が生きていくのに必要な物質の循環が、いわゆる生物の食物連鎖のように連綿と続く社会を意味する。図1に、地球上の物質の循環を示した。

健全でクリーンな地球環境下で、緑色植物や光合成微生物は、大気圏中のオゾン層をくぐって注がれる太陽エネルギーと、炭酸ガスと水（無機物）から、光合成により炭水化物（ブドウ糖、果糖、でん粉など）という有機物を生産する。また同時に、この炭水化物から、生体に必要なアミノ酸やタンパク質（酵素）をも合成している。こうしてつくられた有機物を栄養源としながら植物等が生長し、余分な炭水化物は貯蔵される。それらを動物が食餌としてとるが、これを供給する植物等は、

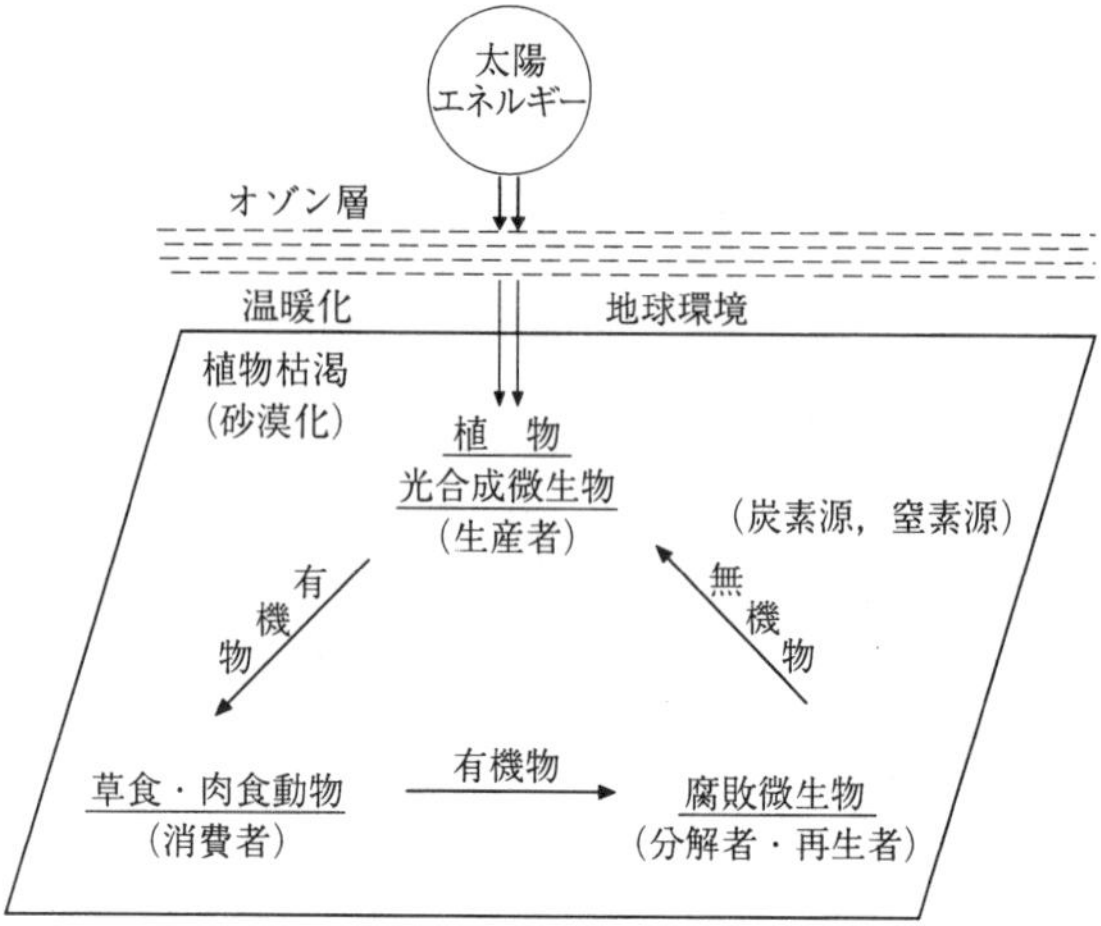

図 1　生物による物質循環（食物連鎖）

生産者としての役割を担っている。

次に、草食動物が植物（有機物）を食べ、繁殖した草食動物を肉食動物が食べて生きている。動物は、植物が生産した有機物の消費者である。動物はやがて寿命となり、死んでいく。この死体を栄養源として微生物（腐敗菌）が繁殖し、死体の有機物を無機物に分解する。この微生物は代謝生産物として植物等の光合成反応の原料、無機物を再生する。

ヒトは雑食で野菜も食べれば肉も食べる消費者である。

このように太陽の下、地球上のすべての植物、動物、微生物は、互いに食物という物質を共有し、互いにこれを循環させ、供給し合って生きている。これが地球上の生き物の原理原則で、このことが遺伝子ＤＮＡにも共通して刻み込まれているのである。

この循環が順調な間は何ら問題は生じない。しかし、これが現在すでに次のようなトラブルを引き起こしている。

①人口増加により食糧の消費者が増えることによる、慢性的な食糧不足の危機

②ヒトは、他の動物と異なり、食物だけで済まされない欲深き動物。自然にないものまで貪欲につくり出したことにより起きた公害や地球規模の環境破壊

③化石燃料の燃焼による大気汚染、また将来のエネルギー問題

④熱帯雨林の伐採による砂漠化や温暖化

これらの問題は、ヒトという動物が、欲望のままに行動した代償として生じてきたものではないか。自己責任において克服するしかない。

まず、②の環境破壊。ヒトがつくり出したものの中で最悪のものの一つは、冷媒として開発したフロンガス。使用済みで放出したものが、大気圏のオゾン層を破壊し、オゾンホール（穴）を発生させているという。オゾン層は、太陽光の強力な紫外線から地球の生き物を保護するいわゆるフェンスの働きをしている。これに穴が開いたとなれば、たとえ穴は小さくても光の投影を思い浮かべればわかるように、地球の広範囲にその影響が及ぶ。実験室では殺菌灯に紫外線ランプを使用している。オゾンホールは一種の殺人穴ともいえるのである。すでに地域によって奇形の動物や、ガンなどが報告されている。

対策としては、大気圏のものの処理は自然まかせだが、少なくともこれ以上放出させないために、

現在使用中のものは速やかに処理すべきである。

③のエネルギー問題。前に述べたように、バイオテクノロジーはこの方面で期待できる。生物資源からグリーン燃料がつくられるだろう。

④の砂漠化、温暖化は、バイオテクノロジーにより生長の速い樹木を改良し、これを地道に植林することであろう。

さて、①の人口増と食糧問題。人口増は、バイオエシックス（倫理問題）を含み、バイオテクノロジーから論じるには荷が重い課題なので、本書では触れない。食糧問題は、生き物全体にかかわる問題で、ある面では、バイオテクノロジーが最も得意とする分野で、最も期待されるテーマである。

●未来型食糧の生産

ここでは、光合成反応の研究と、窒素肥料のいらない新種植物の創出に注目しておきたい。

まず、光合成反応の研究である。

循環型社会における食物の生産者は、葉緑素の遺伝子をもつ緑色植物と光合成細菌である。それらが持つ機能は、光合成反応として知られているが、その詳細は、まだ解明されておらず、研究途上にある。

二一世紀、人類は光合成反応の全貌を解明し、やがてその原理を応用して、植物同様に、無限とも言われている太陽エネルギーの下、葉緑素あるいはある種の酵素を用い、水と炭酸ガスからブドウ糖や果糖、でん粉を生産する。さらにそれらを素材としてアミノ酸やタンパク質、脂肪酸や脂肪などを生産する。これらの生産設備を二次産業的に展開するのである。

これが未来における究極の食糧生産のしくみである。

光合成反応系は、明暗二つの反応過程から成り立つ。まず、明反応で、光エネルギーを取り入れて、暗反応に必要なＮＡＤＨとＮＡＤＰＨおよびエネルギー物質ＡＴＰを合成する。次に暗反応では、明反応で合成された物質と炭酸ガス（CO_2）からブドウ糖（グルコース）を合成する。

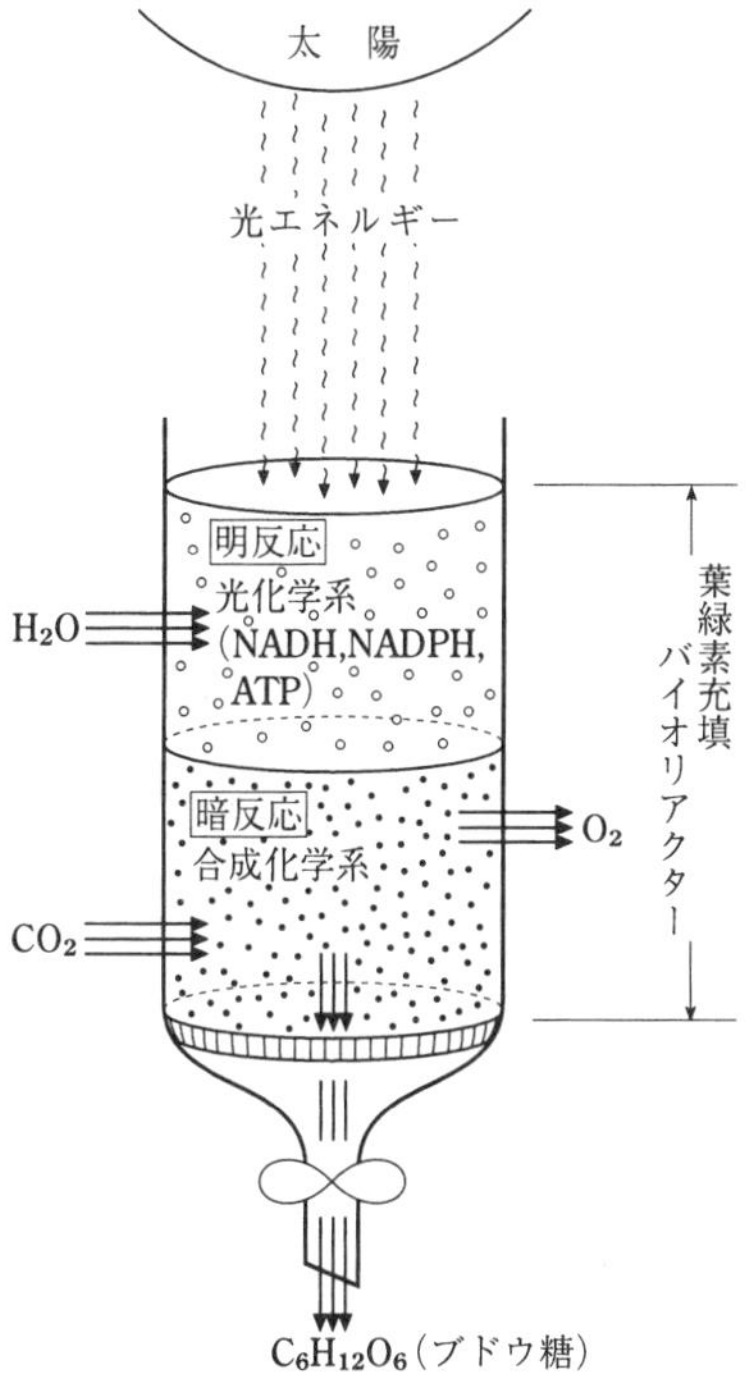

図 2 光合成反応によるブドウ糖生産模式図

動物は、太陽エネルギーを直接生体に取り込み利用することができないので、植物が合成した糖を摂り、エネルギーを得る。植物は、動物の排出した炭酸ガスを回収・固定して酸素を放出する。したがって空気の浄化と地球の温暖化防止にも役立つことになる。

植物の光合成反応の効率を高めることは、極めて重要であるが、この反応の実用化が一日も早く成功することが期待される。

次に、窒素肥料のいらない新種植物の創出である。

空気の約八〇%は、窒素である。

生物は、細胞をつくる主成分として、炭素源と窒素源が必要である。植物は、空気中の炭酸ガスを炭素源として摂取するが、窒素を固定できない。そのために肥料としてアンモニウム塩や硝酸塩を供給しなければならない。

他方、ラン藻やある種の土壌中に存在する遊離の細菌と根粒細菌は、窒素を固定する。工業的には、五〇〇度・二〇〇気圧の条件で、窒素をアンモニア（NH_3）に変換できるが、高温高圧の装置とエネルギーを要する。

さて、マメ科植物（大豆）と共生する根粒細菌は、常温常圧で、空中窒素をアンモニアなどの窒素化合物に転換することが知られている。この反応は、嫌気的な反応で、酵素（モリブデンを含む分子量二二万の巨大タンパク質と、鉄やイオウを含む分子量六〜七万のタンパク質）および十数個の遺伝子が関与するという。

大豆と共生する根粒菌は、大豆から栄養源を得る代りに、固定した窒素化合物を供給する。このため大豆は、窒素肥料の少ない土地にも生育することができる。

そこで、窒素固定能力をもつ根粒菌の遺伝子を取り出し、イネ、ムギ、トウモロコシおよびサトウキビ等の細胞に組み込み、自ら窒素を固定する植物を創出したらどうだろう。痩せた田畑にも生育でき、施肥の必要もない。

このような新種の作物が、大いに期待される。

第7章

バイテク時代を担う生物資源王国を生かすシナリオ

カラスバト（撮影 ©常田 守

国家プロジェクトの一つとして、二一世紀の奄美の指針として、「バイオアイランド構想」を打ち出してはどうだろうか。

「自然や生物と共生する、アカデミックな研究学園地域を目指し、バイオに関する情報、ノウハウ、技術、研究、開発、人材育成等の、発信基地を築くこと」は、国家百年の計にも叶う。恵まれた奄美の生物資源を人類のために生かし、地球レベルで共有することは、日本が世界に貢献する道となる。

本章では、国際的視野に立ち、奄美の生物資源を活用するためのシナリオを提案したい。

1——国際的な保護を

奄美の生物資源は、石炭、石油以上の次世代の貴重な天然資源である。乱獲をどうしても防止しなければならない。このためには、世界自然遺産として、野生生物の保護と管理を、中南米エクアドルのガラパゴス諸島の保護に学び、しっかり行うべきである。行政側の積極的な取り組みを期待したい。そして、わが国の白神山や屋久島同様に、まず世界自然遺産の指定を受けるべきである。「レッドデータブック」も大切であるが、同時に地元民への啓蒙普及や、現地での専門家の養成も不可欠である。一般観光客などによる「エコツアー」等が盛んになると考えられるが、これによる生き物たちへの影響も出てくるはずである。調和のある発展を、永続的なものにするためには、一定のルールや規制およびガイドライン等を規定し、これを周知徹底させることも大切であろう。また、その一方で、研究、開発および教育用には、許容範囲内でいつでも供給できる態勢を整える必要がある。

奄美の生物資源は、単なる環境の保全や生き物の保護に止まる問題ではない。世界に先がけて生物資源立法により、管理することも検討すべきであろう。

地元の新聞記事に「徳之島の国定公園、井之川岳特別保護区内で、宮崎県と鹿児島の男性二人が、エビネ二五〇本、カシノキラン七〇本、カゴメラン一〇本を採取、森林法違反の疑いで事情聴取され、不幸中の幸なことに「それらは現場に植え戻された」（南海日日新聞、二〇〇〇年一月二〇日）とあった。根付いてくれることを祈らずにはいられない。

今回は、駐在員や観光協会員らで組織した徳之島自然保護委員会の通報で難を防げたようであるが、それはほんの一角に過ぎないようだ。すでに徳之島に自生していたツツジやテンバイなど、絶滅の状態という。また、「天城町千間海岸沖の二ヶ所で、コブシメが産卵したサンゴの群体が、何者かによって破壊され、コブシメの卵もそっくりなくなっていた」との記事もあった。

誠に痛恨の極みである。

奄美の自然保護については、地域の振興開発とのはざまにあって遅々として進まず、長い間、地元の自然保護団体や研究者たちが「奄美の希少野生生物を取り巻く環境は、危機的状況にある」と、熱く警鐘を打ち鳴らしつづけてきたが、そこには限界があった。行政の取り組みが遅かったと言えよう。

それが、ここへきて昨年、環境庁自然保護局奄美分室も設置され、二〇〇〇年四月には「奄美野生生物保護センター」が開設され、活動が始まった。また鹿児島県環境保護課も今年度から「絶滅の恐れがある野生動植物」を保護する目的で「鹿児島県版レッドデータブック」作成を開始する。さらに、名瀬市議会議員で構成する「奄美の固有種を考える会」も昨年発足、活動を開始したようだ。

奄美の生き物たちは、人類至宝の財産である。地元民がその重要性を認識され、一致団結してその保護に当たられることを望みたい。

2——種子バンクを奄美に

バイオテクノロジーの高まりの中で、各国で植物の種子の収集、保存が盛んである。すでに述べたように、バイテクで用いられる遺伝子は、広く自然界にある生き物を拠り所とするからである。また、米国政府特別委員会報告書「西暦二〇〇〇年の地球」によると、「地球上にある植物の約五分の一が失われるだろう」とある。このような意味合いからも植物の種子を保存することは、将来に向けてとても大切である。

先進各国が収集している植物種子の数と保存を示すとつぎのとおりである(木村光「バイオテクノロジーの拓く世界」より)。

国名	保存所	種子点数
米国	国立種子貯蔵研究所	約17万
	植物生殖質資源研究所	約8万
	国立植物導入所・地域協力植物導入所	約15万
旧ソ連	全ソ植物生産研究所	約33万
英国	植物育種研究所	約7万
日本	農業生物資源研究所	3万5千
	野菜試験場・果樹試験場	八千
西独	作物育種研究所	3万弱

米国が約四〇万点と群を抜いていることがわかる。次いで旧ソ連が約三三万点。日本は、米国の約一〇分の一の四万三千点に過ぎない。日本の目標は、一五万点のようだが、南北六〇〇〇キロに及び、しかも豊富な生物資源地域（奄美）を含みながらこの点数では、まことに心細い。さすがに米国は、バイテクの国、先を読んでいるといえる。

世界ではハイブリッドライスの「種子戦争」すなわち、種子の売込み合戦が始まっている。種子バンクは、農業の競争に勝つにも、遺伝資源の保護、さらに奄美の自然保護にも重要であろう。種子バンクに続いて、先進国では、細胞・遺伝子バンクが機能している時代である。

そこで、奄美に、熱帯・亜熱帯地域の植物種子を収集、保存する種子バンクを設置することを提言したい。そして、その種子バンクが単なるバンクとしての機能のみならず、例えば、瀬戸内町を中心に砂漠の緑化のためソテツ苗の輸出計画もあるようだが、それらの種子等の研究・開発などへの支援もできるようになると一層頼もしいものとなる。

3――研究・教育機関の設置が不可欠

●バイテク研究センターの創設を

現在奄美には、以下に示したような生物関連の公的試験研究施設がある。しかし、いずれもここで取りあげるような研究が行えるような規模も、機能も持ち合わせていない。したがって国内外から優秀な研究者、技術者、および産学官挙げて参加していただくためには、呼び水として別途、それ相応の中核的なバイテク研究センターが必要である。

所管	施設名	所在地
鹿児島県	農業試験場大島支場	名瀬市
	農業試験場徳之島支場	伊仙町
	病害虫防除所大島支庁駐在	名瀬市
	鹿児島中央家畜保健衛生所大島支所	笠利町

鹿児島中央家畜保健衛生所徳之島支所　徳之島町
大島紬技術指導センター　名瀬市
林業試験場龍郷町駐在　龍郷町
東京大学医科学研究所附属奄美病害動物研究施設（厚生省）　瀬戸内町
国　門司植物防疫所名瀬支所　名瀬市
鹿児島県大島支庁営林事務所　名瀬市

（出典）鹿児島県大島支庁、「平成10年度　奄美群島の概況」より抜粋

石炭、石油を使って化学工業を興すのに資源研究所や各種試験場をつくった。プルトニウムやウランの核燃料で原子力発電を興すのに試験炉「もんじゅ」をつくった。また宇宙産業を拓くために種子島宇宙センターをつくった。いずれも新しい時代や産業を切り拓くために、相当な国家予算を注ぎこんできた。

それらと同様、奄美の生物資源を生かして次世代の新しいバイテク時代を拓いてゆくためには、同程度の投資は当然である。バイテク研究センターが設立されれば、既存の試験研究施設などと併わせて、情報産業におけるシリコンバレーのような、バイオテクノジーに関する一連の研究連帯（バイテクバレー）が形成されてくるであろう。こうした環境が創り出されて初めてバイテク時代が見えてくる。

●大学等の高等教育機関の創設を

生物資源を用いて新技術や有用物質を開発しても、それらを企業化するためには、人材の育成が伴わないといけない。このため、バイテク研究センターには大学等高等の教育機関を併設すべきである。このことによって一層、研究も活発化する。

教育機関の設立では、教授陣や学生たちの問題を心配する声もあろうが、対象は、人口一億数千の日本だけではない。東南アジアをはじめ、地球人口四五億人を対象とするので、そのような問題は杞憂である。逆に言えば、それだけの国際的規模で展開しなければ価値も意味もない。

日本の発展途上国への政府開発援助（ＯＤＡ）の使途が問われている昨今だが、それこそ当該国の若者を、ＯＤＡで奄美大学に留学させ、教育研鑚を積ませ、帰国させ、国興しに参加させるようにした方が自立自興ができ、生きた金の使い方になる。同じＯＤＡで留学させるにしても東京のような異質な環境下で教育するよりも、亜熱帯や熱帯という同質の土壌・環境下で教育した方がはるかに大きな成果が得られるはずだ。

このような教育機関を奄美につくることによって、地元民が教育に対する関心を高め、生物や生態系に対する理解も深まり、保護の気運も高まる。したがって、教育ならば奄美以外で授ければよいだろう、というものではない。

幸に奄美は、国の奄振法で、空港や道路、港湾などのインフラ（社会資本）の整備も整ってきた。高度情報化時代とも相まって、離島のハンディも埋まり、まさに研究センターや大学等を創設する機は熟したと考えられる。

逆に言えば、このようなことが実現されない限り、奄美の生物資源を生かす道は拓かれず、本格的なバイテク時代の幕は開かれない。

研究・教育機関の創設は、農林水産省、通産省、文部省、厚生省、科学技術庁など、単一の省庁に限らず、各省庁が結集し、民間企業なども連帯したものであることが望まれる。

●社団法人奄美振興研究協会（奄振研）の調査報告書

奄振研は、島民が自立自興の精神に基づき繁栄のための方向および方策を調査、研究し、その成果を関係機関に提言することを目的として一九八四年に設立された、いわゆる半官半民のシンクタンクである。

その成果の一つに「奄美群島における高度地域技術研究等人材育成システムに関する調査、並びにその導入方策に関する調査等の報告書」がある。これらの調査は、一九八六年から一九九〇年までの四年間にわたり国土庁奄美群島振興開発調査費を受け、群島における産業の振興や若者の定住を促進し、活力ある地域社会づくりを進めるために、「島おこし」を担う人材の養成・確保を図るための人材育成システムのあり方を検討する目的で行われている。

システム導入の基本構想として次のような提言をしている。

①看護専門学校（短期大学）の設置

②放送大学島しょ地域モデルの実現
③リゾート開発に伴う専門的人材の育成機関の誘致
④奄美群島の特性に即した研究機関の誘致
⑤大学および総合的な研究機関の設置（長期的課題の実現に向けて）
⑥奄美研究基金の設立

以来一〇年の間に①の看護福祉専門学校を誘致、薬草学科を増やしている。だが、これは奄振研提言のほんの始まりにすぎない。

課題は、本書でも提言しているような④の群島の特性に即した研究機関や⑤の大学および総合的な研究機関の設置であろう。その後地元に、具現化に向けての具体的な取り組みがあるのだろうか。

このような大きな課題が一朝一夕で成就するとは考えられないが、それだからこそ長期展望をもち、成就に向けた話し合いの場をつくり、試行錯誤の中でも検討すべきであろう。

調査委員の一人、地元の有村治峯は「できないと言っていては、いつまでもできない。いま島おこしが芽生えてきたときです。このときでなければきっかけを外す」と述べている。

著者があえてここで奄振研の報告書をとりあげた本意は氏と同意見であり、一方、奄美でも教育・研究機関の設置に関する土壌があることを内外に広く知ってほしいからである。

資料

奄美諸島の植物

ルリカケス（撮影　©濱田　康作

1――種子、被子および双子葉植物

合弁花類は二八科一七四種、離弁花類は四一科二八六種がある。

農林水産省植物防疫所は、アリモドキゾウムシ、イモゾウムシ、サツマイモノメイガおよびアフリカマイマイなど害虫が付着している可能性が高い合弁花類、ヒルガオ科のサツマイモ、ノアサガオ、グンバイヒルガオおよびヨウサイなどは、奄美諸島外への持出しを規制している。また、沖縄県でのカンキツグリーニング病発生にともない、沖縄全域から奄美へのミカン類（離弁花類ミカン科）苗木の持込みも禁止している。

●種子、被子および双子葉植物（合弁花類）

【アカテツ科（1種）】アカテツ（クロテツ）

【アカネ科（15種）】サンダンカ（サンタンカ）、ハクチョウゲ、ヒョウタンカズラ、アカミズキ（アカミミズキ、キナモドキ）、ギョクシンカ、クチナシ（オガサワラクチナシ、ヤクシマクチナシ）、コンロンカ、シマミサオノキ、シラタマカズラ、シロミミズ（コーヒモドキ）、ハナガサノサ、ヒメアリドオシ、ヘクソカズラ（テリハヘクソカズラ、ハマサオトメカズラ）、ヤエムグラ、リュウキュウアオキ（ボチョウジ）

【イソマツ科（2種）】イソマツ、ウコンイソマツ

【イワタバコ科（1種）】　ヤマビワソウ
【ウリ科（13種以上）】　オオカラスウリ、カボチャ類（多類の変種、品種あり）、キュウリ、クロミノオキナワスズメウリ、ケカラスウリ、スイカ、トウガ（カモウリ、マクリ）、ニガウリ（ツルレイシ）、ハヤトウリ、ヘチマ、マクワウリ、リュウキュウカラスウリ、ユウガオ
【エゴノキ科（1種）】　エゴノキ
【オオバコ科（1種）】　オオバコ
【カキノキ科（5種）】　カキ、シナノガキ、トキワガキ、ヤエヤマコクタン、リュウキュウガキ
【ガガイモ科（3種）】　キジョラン、トウワタ、サクララン（ツバキラン）
【キク科（35種）】　アキノノゲシ、アマミシマアザミ、オオシマノジギク、オナモミ、オニタビラコ、コメナモミ、シマアザミ、シロバナセンダングサ、スイセンジナ、センダングサ、ツクシメナモミ、ツワブキ、ノゲシ（ハルノノゲシ）、フキ、ホソバワダン、インドヨメナ（コヨメナ）、ウシノタケダグサ、ウスベニニガナ、オオアレチノギク、オオキダチハマグルマ、キツネアザミ、カッコウアザミ、クマノギク、コケタンポポ、ゴボウ、シュンギク、シロバナタンポポ、タウコギ、タカサブロ、ヌマダイコン、ヒメムカシヨモギ、ベニバナホロギク、モクビヤッコウ、ヤブタバコ
【キキョウ科（1種）】　サイヨウシャジン
【キツネノマゴ科（2種）】　キツネノマゴ（ケブカキツネノマゴ）、リュウキュウアイ

【キョウチクトウ科（7種）】　ミフクラギ（オキナワキョウチクトウ）、リュウキュウテイカカズラ（オキナワテイカカズラ）、キョウチクトウ、ヤエキョウチクトウ、ウスギキョウチクトウ、シロバナキョウチクトウ、サカキカズラ

【クサトベラ科（1種）】　クサトベラ

【クマツヅラ科（11種）】　アマクサギ、イボタクサギ、タイワンウオクサギ（トウクサギ、シマウオクサギ、ケウオクサギ）、ハマゴウ、ヒギリ、ミツバハマゴウ、オオシマムラサキ、オオムラサキシキブ、シチヘンゲ（ランタナ）

【ゴマ科（1種）】　ゴマ

【サクラソウ科（4種）】　コナスビ、ハマボウス、モロコシソウ、ルリハコベ

【シソ科（4種）】　シソ、ハッカ、メハジキ、ヤンバルツルハッカ（ヤンバルクルマバナ）

【スイカズラ科（5種）】　ゴモジャ（ダイトウカマズミ）、ハクサンボク、ハマニンドウ、サンゴジュ（オキナワサンゴジュ）、ソクズ（タイワンソクズ）

【ツツジ科（7種）】　アマミセイシカ（セイシカ）、ヤドリコケモモ、ギーマ、ケラマツツジ、サクラツツジ、タイワンヤマツツジ（トウサツキ）、リュウキュウアセビ

【ナス科（14種）】　キンギンナスビ、ヤンバルナスビ、イヌホウズキ、マダチチョウセンアサガオ（ダチュラ）、クコ、シマトウガラシ（キダチトウガラシ）、センナリホウズキ、トマト、ナス、ニシキハリナスビ（キンギンナスビ）、ハダカホウズキ、ホウズキ、メジロホウズキ、ヤコウカ（ヤ

コウボク）

【ハイノキ科（7種）】オオバナハイノキ、オオバノキ、アマシバ、クロキ（ナカハラクロキ）、クロバイ、ミミズバイ、ヤマシロバイ（ルスン）

【ハマウツボ科（1種）】ナンバンギセル

【ハマジンチョウ科（1種）】ハマジンチョウ

【ヒルガオ科（6種）】グンバイヒルガオ、サツマイモ、ソコベニヒルガオ、ハマヒルガオ、ヨウサイ、ノアサガオ

【ムラサキ科（4種）】フクマンギ、マルバチシャノキ、モンバノキ（ハマムラサキノキ）、チシャノキ

【モクセイ科（4種）】オキナワイボタ、リュウキュウモクセイ、シマタゴ、ネズミモチ（タマツバキ）

【ヤブコウジ科（6種）】シマイズセンリョウ、ツルコウジ、シシアクチ、タイミンタチバナ（ヒチノキ）、マンリョウ、モチタチバナ

【リンドウ科（1種）】リンドウ

●種子、被子および双子葉植物（離弁花類）

【アオイ科（8種）】アオハマボウ（シマハマボウ）、ユーナ、ヤマアサ）、ハマボウ、ブッソウゲ、

フヨウ、ムクゲ（ハチス）、リュウキュウトロロアオイ、イチヒ、フウリンブッソウゲ

【アオギリ科（2種）】アオギリ（ケナシアオギリ）、サキシマスオウノキ

【アカザ科（2種）】フダンソウ、ホウレンソウ

【アケビ科（1種）】ムベ

【アブラナ科（7種）】カブ（カブラ、カブナ）、キャベツ（タマナ）、ダイコン、タカナ、ハクサイ、オランダカラシ、ナズナ（ペンペングサ）

【アワブキ科（3種）】ナンバンアワブキ（クスノキモドキ、リュウキュウアワブキ）、ヤンバルアワブキ（フシノハアワブキ）、ヤマビワ

【イイギリ科（1種）】イイギリ

【イラクサ科（5種）】カラムシ、ハドノキ、ヤナギ、イチゴ、ヤンバルツルマオ、ツルマオ

【ウコギ科（6種）】カクレミノ、キズタ、メダラ、ツウダツボク（カミヤッコ）、フカノキ、リュウキュウヤツデ

【ウマノスズクサ科（9種）】フジノカンアオイ、オオフジノカンアオイ、オオバカンアオイ、ミヤヒカンアオイ、ハツシマカンアオイ、グスクカンアオイ、カケロマカンアオイ、トクノクシマカンアオイ、リュウキュウウマノスズクサ

【ウルシ科（2種）】ハゼノキ、ヌルデ

【オトギリソウ科（3種）】オトギリソウ、フクギ、テリハボク（ヤラボ）

【カエデ科（2種）】　シマウリカエデ、クスノハカエデ
【カタバミ科（2種）】　カタバミ、ムラサキカタバミ
【キンポウゲ科（2種）】　キツネノボタン、センニンソウ
【クスノキ科（8種）】　オオモジ、イヌカシ（マツラニッケイ）、クスノキ、スナズル（シマネナシカズラ）、タブノキ（カシヨウダモ）、ハマビワ、ホソバタブ（アオカシ）、ヤブニッケイ
【グミ科（4種）】　アキグミ、タイワンアキグミ（ウラギンツルグミ）、ツルグミ、マルバグミ
【クロウメモドキ科（3種）】　クロイゲ、リュウキュウクロウメモドキ、ヒメクマヤナギ
【クワ科（14種）】　アコウ、イチジク、イヌビワ、インドゴムノキ、オオイタビ、ガジュマル、クマグワ（アマミグワ）、ハマイネビワ、ハルランイヌビワ（テリハイヌビワ、アカメイヌビワ）、ヒメイタビ、イタビカズラ、カカツガユ（ヤマミカン）、カジノキ、クワクサホソバムクイヌビワ
【コショウ科（1種）】　フトウカズラ
【サガリバナ科（1種）】　サガリバナ
【ザクロ科（1種）】　ザクロ
【ザクロソウ科（1種）】　ツルナ
【スミレ科（6種）】　アマミスミレ、コタチツボスミレ、タイワンスミレ（リュウキュウコスミレ）、ツヤスミレ（リュウキュウタチツボスミレ）、ヤクシマスミレ、リュウキュウシロスミレ（ナカエスミレ）

【スベリヒユ科（1種）】スベリヒユ
【シナノキ科（1種）】カジノハラセンソウ
【セリ科（12種）】セリ、ツボクサ、ニンジン、ハマボウフウ、ミツバゼリ（ミツバ）、ヤブジラミ、マツバセリ、オオバチドメ、ケチドメ、ノチドメ、ハマウド、ボタンボウフウ
【センダン科（1種）】センダン
【センリョウ科（1種）】センリョウ
【タデ科（6種）】イタドリ、イヌタデ、ギシギシ、ツルソバ（タイワンツルソバ）、ママコノシリヌグイ、ミゾソバ
【ツゲ科（1種）】オキナワツゲ（ケナシオキナワツゲ）
【ツブラフジ科（1種）】オオツブラフジ
【ツチトリモチ科（1種）】ユワンツチトリモチ
【ツバキ科（9種）】イジュ、サカキ、サザンカ（オキナワサザンカ）、チャ（チャノキ）、ハマヒサカキ（テリハヒサカキ、マメヒサカキ、ケナシハマヒサカキ）、ヒサカキ（ホソバヒサカキ、アクシバ）、モクコク、ヤブツバキ（ホウザンツバキ、タイワンヤマツバキ、リンゴツバキ、ヤマツバキ、ヤクシマツバキ）、ヒメサザンカ
【ツリフネソウ科（1種）】ホウセンカ
【ギンチョウゲ科（2種）】オオシマガンピ、コショウウノキ

【トウダイグサ科（26種）】　アカギ、アカメガシワ、ウラジロカンコノキ、オオシマゴハンノキ、オオハギ、クロトン（ヘンヨウボク）、カキバカンコノキ、カンコノキ、コミカンソウ、シナアブラギリ、シマシラキ（オキナワジンコウ）、シマニシキソウ、ショウジョウボク（ポインセチア）、ツゲモドキ、トウゴマ（ヒマ）、ハナキリン、ヒメユズリハ（シマユズリハ、オキナワヒメユズリハ、イリオモテユズリハ、ヒロハヒメユズリハ、オオユズリハ）、フクロギ、ヤマアイ、ヤマヒハツ、オオサンゴ（ミドリサンゴ）、キャッサバ、クスノハガシワ、グミモドキ、ショウジョウソ、トウダイグサ

【ドクダミ科（2種）】　ドクダミ、ハンゲショウ

【トベラ科（1種）】　トベラ（オキナワトベラ、トビラギ、トビラノキ）

【ナデシコ科（1種）】　ヤンバルハコベ（ネバリハコベ）

【ニシキギ科（4種）】　ハリツルマサキ（トゲマサキ、グウバイウメズル）、マサキ（オオバマサキ、カワチマサキ）、テリハツルウメモドキ、リュウキュウマユミ

【ニガキ科（1種）】　ニガキ

【ニレ科（2種）】　クワノハエノキ、ウラジロエノキ

【ノボタン科（1種）】　ノボタン

【パパイヤ科（1種）】　パパイヤ

【バラ科（17種）】　キンミズヒキ、シャリンバイ（タチシャリンバイ）、スモモ、ソメイヨシノ、テ

リハノイバラ（リュウキュウテリハノイバラ）、トックリイバラ）、テンノウメ（イソザンショウ）、コウシンバラ、ナワシロイチゴ、バクチノキ、ヒガンザクラ（カンザクラ、カンヒザクラ）、ビワ、ホウロクイチゴ、ボケ、ホソバシャリンバイ、モモ、リュウキュウイチゴ、リュウキュウバライチゴ（オオバライチゴ）

【ヒユ科（2種）】　イヌビユ、ハチジョウイノコズチ

【ヒルギ科（2種）】　オヒルギ（アカバナヒルギ）、メヒルギ

【フウロウソウ科（1種）】　ゲンノショウコ

【フトモモ科（3種）】　アデク、バンジロウ、フトモモ

【ブドウ科（2種）】　エビズル（リュウキュウカネブ）、テリハノブドウ

【ベンケイソウ科（2種）】　シママンネングサ、セイロンベンケイ

【ホルトノキ科（2種）】　ゴハンモチ、ホルトノキ（モガシ）

【ホロホロノキ科（1種）】　ホロホロノキ

【マタダビ科（1種）】　ナシカズラ（シマサルナシ）

【マメ科（33種）】　アズキ、エンドウ、ギンゴウカン、クロヨナ、ササゲ、シマエンジュ、ソウシジュ、ソラマメ、ダイズ、デイコ、ナタマメ、ハカマカズラ、ハブソウ、ハマセンナ、フジ、メドハギ、モタマ、ヤハズソウ、ラッカセイ（ナンキンマメ、トウジンマメ）、リュウキュウハギ、インゲンマメ、オオゴチョウ、クソエンドウ、コメツブウマゴヤシ、サヤエンドウ、シイノキカ

ズラ、シナガハハギ、スズメノエンドウ、タイワンクズ、タンキリマメ、ナンテンカズラ、ハマナタマメ、ミソナオシ（ウジクサ）

【マンサク科（1種）】 イスノキ

【ミカン科（18種）】 アマミザンショウ、オオシマミカン、オオベニミカン、キカイミカン、キンカン、クネンボ、ゲッキツ、ケラジ（オオシマユズ）、サルカケミカン、ダイダイ、タチバナ、タンカン、ヒラミレモン（シーカシャ）、ブンタン（ザボン）、ポンカン、アワダン、カラスザンショウ、ハマセンダン

【ミズキ科（2種）】 アオキ（ナンゴクアオキ）、リュウキュウハナイカダ

【ミソハギ科（3種）】 サルスベリ、シマサルスベリ、ミズガンピ

【ミツバウツギ科（2種）】 ゴンズイ、ショウベンノキ（ヤマデキ）

【ムクロジ科（3種）】 ムクロジ、リュウガン、レイシ

【モウセンゴケ科（1種）】 コモウセンゴケ

【モクマオウ科（1種）】 モクマオウ（トキワギョリュウ）

【モクレン科（2種）】 サネカズラ、シキミ

【モチノキ科（8種）】 アマミヒイラギモチ、オオシイバモチ、クロガネモチ、ツゲモチ、ヒロハタマミズキ、ムッチャガラ、モチノキ、リュウキュウモチノキ

【ヤドリギ科（2種）】 オオバヤドリギ、ヒノキバヤドリギ

【ヤマモモ科（1種）】　ヤマモモ
【ユキノシタ科（4種）】　アジサイ、オオシマウツギ、ヒイラギズイナ、トカラアジサイ

2——単子葉植物

一八科一三一種がある。

最も特徴的なことは、イネ科とユリ科が多種なことである。タコノキ科、ヤシ科、バショウ科の植物が南国をイメージさせる。

●単子葉植物

【アヤメ科（4種）】　グラジオラス、ヒオウギ、ヒメヒオウギスイセン（モントブレチャ）、フリージア
【イグサ科（1種）】　イ
【イネ科（42種）】　アシ（ヨシ）、アシホソ（ヒロアシホソ）、イタチガヤ、イヌビエ、イネ、エダウチチヂミザサ、エノコログサ、オイシバ（アヒシバ、チカラグサ）、ギョウギシバ、コウライシバ、ササクサ、サトウキビ、ジュズダマ（スズコ、トウムギ）、ススキ、セイコノヨシ（セイタカヨシ）、ソナレシバ、ダイサンチク、タビエ、ダンチク、チガヤ、チカラシバ、コブナグサ（カリヤス）、ツキイゲ、トウモロコシ（トウキビ、ナンバン）、ナビアグラス（ネビアグラス）、ナ

ンゴクワセオバナ、ニワホコリ、ハイキビ、ヒメゴバンソウ、ホウライチク、ホテイチク（ゴザンチク）、マコモ、マダケ、メイシバ（メヒシバ）、モウソウチク、リュウキュウチク（ゴザダケザサ）、キンメイチク、クロイワザサ、ネズミノオ、ハチク、ホウオウチク、ヒメアブラススキ

【ウキクサ科（1種）】ウキクサ

【オモダカ科（1種）】オモダカ

【カガミ科（1種）】ミズオオバコ

【ガマ科（1種）】メガマ

【カヤツリグサ科（7種）】オオアブラガヤ、コゴメスゲ、シチトウイ（シチトウ、リュウキュウイ）、ハマスゲ（コウブシ）、ククガヤツリ、シオカゼテンツキ、タマガヤツリ

【クズウコン科（1種）】クズウコン

【サトイモ科（9種）】クワズイモ、サトイモ、ショウブ、タイモ（ミズイモ）、ハスイモ、ムラサキアブミ（リュウキュウムサシアブミ、タカサゴアブミ）、ヤマコンニャク、ムサシアブミ、リュウキュウハンゲ

【ショウガ科（7種）】アオノクマタケラン、クマタケラン、ゲットウ、シュクシャ、ショウガ、ミョウガ、ウコン

【タコノキ科（2種）】アダン、トゲナシアダン

【ダンドク科（1種以上）】ダンドク類（カンナ類）

【ツユクサ科（6種）】　ニハツユクサ、マルバツユクサ、ナンバンツユクサ、ホウライツユクサ、ホソバツユクサ、ムラサキオモト
【バショウ科（3種）】　バナナ、ヒメバショウ（ヒジンショウ）、リュウキュウバショウ
【ヒガンバナ科（3種）】　ハマオモト（ハマユウ）、アオノリュウゼツラン（リュウゼツラン）、ショウキズイセン
【ヒルムシロ科（3種）】　ヒルムシロ、エビモ、ササバモ
【ミズアオイ科（2種）】　コナギ、ホテイアオイ（ホテイソウ）
【ヤシ科（3種）】　クロツグ、シュロ、ビロウ
【ヤマノイモ科（3種）】　キールンヤマノイモ、ダイジョウ、ニガカシュウ（マルバドコロ）
【ユリ科（22種）】　アキノワスレグサ（トキワカンゾウ）、ウケユリ、カラスキバサンキライ、キダチロクワイ（アロエ）、コオニユリ、サツマサンキライ、センネンボク類（ドラセラ）、チトセラン類（サンセビイレア）、テッポウユリ（タメトモユリ）、ニラ、ニンニク、ネギ類、ノビル、ラッキョウ、リュウノヒゲ（ジャノヒゲ）、ワケギ、オモト、クサスギカズラ、キキョウラン、ソクシンラン、ツルボ、ハラン
【ラン科（12種）】　アマミエビネ、カクラン（カクチヨウラン）、カンラン、ナゴラン、ホウサイラン（タイワンホウサイ）、カシノキラン、シラン、ツルラン、トクサラン、フウラン、ホウラン、ナンゴクネジバナ、コゴメキノエラン

3——裸子植物と羊歯植物

奄美の裸子植物を特徴づけるものはソテツであり、六科八種がある。羊歯植物には一二科二二種がある。ヘゴ科の植物が亜熱帯樹林を特徴づけている。

●裸子植物

【イチョウ科（1種）】　イチョウ
【スギ科（1種）】　スギ
【ソテツ科（1種）】　ソテツ
【ヒノキ科（2種）】　オキナワハイズネ（オオシマハイネス）、ヒノキ
【マキ科（2種）】　イヌマキ、ナギ
【マツ科（1種）】　リュウキュウマツ

●羊歯植物

【イワヒバ科（4種）】　カタヒバ、ミドリカタヒバ、ヒメムカデクラマゴケ、アマミクラマゴケ
【ウラジロ科（2種）】　ウラジロ、コシダ
【ウラボシ科（1種）】　ヒトツバ

【オシダ科（2種）】　ホシダ、ヨゴレイタチシダ
【カニクサ科（1種）】　テリハカニクサ
【シシガシラ科（2種）】　ハチジョウカグマ（タイワンコモチシダ）、ヒリュウシダ
【シダ科（1種）】　アマミデンダ
【シノブ科（1種）】　タマシダ
【ゼンマイ科（2種）】　ゼンマイ、シロヤマゼンマイ
【タカワラビ科（1種）】　タカワラビ
【チャセンシダ科（1種）】　オオタニワタリ
【デンジソウ科（1種）】　ナンゴクデンジソウ
【ヒカゲノカズラ科（1種）】　ミズスギ
【ヘゴ科（2種）】　ヘゴ、モリヘゴ（ヒカゲヘゴ）
【マツバラン科（1種）】　マツバラン
【リュウビンタイ科（1種）】　リュウビンタイ
【ワラビ科（5種）】　イシカグマ、ホラシノブ、ワラビ、リュウキュウイノモトソウ、モエジマシダ

引用・参考文献

1 「奄美、その心・その姿—自然と伝統と人情と—」、名瀬市観光商工課、一九七二

2 「平成一〇年度　奄美群島の概況」、鹿児島県大島支庁、一九九九

3 牧野富太郎「牧野新日本植物図鑑」、北隆館　一九六一

4 伊藤秀三「ガラパゴス諸島—進化論のふるさと」、中央公論社、一九六六

5 黒田長久「鳥類の研究—生態—」、新思潮社、一九六七

6 初島住彦「琉球植物誌」、一九七五

7 安間　恵「トカラ海峡の地質構造、琉球列島の地質学研究一」、一六三〜一七五頁、一九七六

8 黒田長久「動物地理学」、共立出版、一九七九

9 木元新作「南の島の生きものたち」、共立出版、一九七九

10 池原直樹「沖縄植物野外活用図鑑」一〜六巻、新星図書出版、一九七九

11 中本英一「ハブ捕り物語」、三交社、一九八二

12 大野隼夫「奄美の四季と植物考」、道の島社、一九八二

13　「玉川児童百科大辞典　八巻　動物」、誠文堂新光社、一九八二
14　「玉川児童百科大辞典　七巻　植物」、誠文堂新光社　一九八二
15　伊藤正春「生態、進化論の観点から琉球列島弧とガラパゴス島との比較考察」、聖母女学院短大紀要　一三集、一九八四
16　神谷厚昭「琉球列島の生いたち」、新星図書出版、一九八四
17　木崎甲子郎「琉球の自然と人　琉球の風水土」、築地書館、一九八四
18　鈴木　博「クロウサギの棲む島」、新宿書房、一九八五
19　「琉球列島の地質構造概観　琉球の地質誌」、沖縄タイムス社、一九八五
20　初島住彦「改訂鹿児島県植物目録」（自己出版）、一九八六
21　大嶺哲雄「琉球列島の動物分布―特性と遺存種」、遺伝、四一巻七号、七八～八三頁、一九八七、および四一巻八号、五五～五九頁、一九八七
22　迫　静男「鹿児島のすぐれた自然」、鹿児島県保健環境部環境管理課、一五四～一八一頁、一九八九
23　加藤祐三「琉球列島の生物　地質学からみた渡瀬線」日本の生物、三巻一号、一九八九
24　環境庁日本野性生物研究センター「日本の絶滅のおそれのある野性生物―レッドデータブック」、一九九一
25　福岡自然研究会「ガラパゴス自然紀行」、華書房、一九九四

26 鮫島正道「東洋のガラパゴス―奄美の自然と生き物たち」、南日本新聞社、一九九五
27 大野隼夫「奄美群島植物方言集」奄美文化財団、一九九五
28 「図鑑奄美の野鳥」、奄美野鳥の会、一九九七
29 糸川秀治「ウコンは注目の万能薬」、わかさ、四巻、五六頁、わかさ出版、一九九八
30 大澤俊彦「ウコンは天然の抗ガン剤」、わかさ、四巻、六〇頁、わかさ出版 一九九八
31 木元新作「島の生物学―動物の地球的分布と集団現象」、東海大学出版会、一九九八
32 西野嘉憲「奄美大島の甲虫―奄美の甲虫たちは個性派ぞろい―」、サイアス、二一巻、六七～七二頁、朝日新聞社、一九九九
33 「絶滅のおそれのある野生動植物」、環境白書、一九九九
34 小野幹雄「孤島の生物たち―ガラパゴスと小笠原―」、岩波新書、一九九四
35 太田次郎「入門バイオテクノロジー」、日本経済新聞社、一九八七
36 A・T・ブル、G・ホルト、M・D・リリー、岡田弘輔訳「バイオテクノロジ―OECDリポート」、培風館、一九八七
37 「生命体に学ぶ材料工学―材料テクノロジー―」、東大出版会、一九八八
38 化学工学協会編「化学工学の進歩20 バイオテクノロジー―生化学物質生産の基礎―」、槇書店、一九八六
39 飛岡 健「バイオの衝撃」、PHP研究所、一九八九

40 鈴木正彦「植物バイオの魔法」、講談社、一九九〇
41 軽部征夫「バイオのはなし」日本実業出版社、一九九一
42 太田次郎、ほか編集「微生物―バイオテクノロジー入門」、基礎生物学講座11、朝倉書店、一九九二
43 三浦謹一郎編集「分子生物学からバイオテクノロジーへ」、共立出版、一九九三
44 軽部征夫編「ハイパーバイオ」、シーエムシー社、一九九四
45 飴山 實、小幡 斉「生活とバイオ 関西大学出版部」、一九九五
46 F・クリック、 中原英臣訳「DNAに魂はあるか」、講談社、一九九五
47 栗山孝夫「DNAで何がわかるか」、講談社、一九九五
48 木村 光「バイオテクノロジーの拓く世界」、NHK出版協会、一九九六
49 村上和雄「バイオテクノロジー 遺伝子工学が開いた先端技術」、講談社、一九九七
50 城田安幸「絶滅生物が蘇る」PHP研究所、一九九七
51 勝田公雄、錦織浩治「人類を救うバイオ革命」、グローバルネット社、一九九八
52 本庄重男、芝田進午（編訳）「バイオテクノロジーの危険管理」、技術と人間社、一九九八
53 下村 徹「バイオテクノロジーの基礎理論」、誠文堂新光社、一九九八
54 右田昭進「島さばくり、雑記録集I」、道之島通信社、一九九六
55 鹿子狂之介「南へ①沖縄・奄美にいってみる」、之あ社、一九九九

56　右田昭進「奄美の群像、島さばくりII」、交文社、二〇〇〇
57　濱田康作「奄美、太古のささやき」、毎日新聞社、二〇〇〇
58　「奄振研一五年のあゆみ」、奄美振興研究協会、一九九九
59　穂積重信「奄美の歴史と年表」、徳之島郷土研究会、一九八九

あとがき

一九八〇年夏、スペインで閃いた「奄美への思い入れ」は本書に記したように、現実のものでした。すなわち、奄美諸島は多種多様な生き物たちを育む、類い希な地域であったのです。

他方、一九五〇年代頃に芽生えたバイオサイエンス（生物科学）はバイオテクノロジー（生物工学）を生み出し、生き物たちの本質を明らかにしました。

いまや石炭、石油などの先が見えた以上、人類が持続的な繁栄を遂げるためには、循環型社会の構築が必須と言われています。そのためには、生き物たちをとりまく環境や生態系を保護しそれらと共生しつつ、生き物の中に秘められた諸々の機能、またそれらを構成する物質などを「生かす」ことが不可欠と考えられます。したがって、二一世紀にバイオテクノロジー時代が到来し、生き物たちが主役を演じることは間違いありません。また、そうなることが、人類の至福につながるものと著者は確信しています。

この意味合いにおいて、奄美諸島の豊富な生き物たちは、貴重な生物資源と言えるでしょう。今後は、この生物資源にあらゆる施策を講じて、人類の財産として有効かつ適切に活用できるようになることを期待します。

このことによって、これまでの台風とハブの島と見捨てられてきた地域が、時代を先取りして情報を発信し、日本国内はもとより世界の人々の繁栄と幸福に貢献することになるでしょう。

本書を書き終えて顧みると、「生き物たちが、なぜ資源になるのか」の課題についての記述に、いまひとつ物足りなさを感じましたが、それを深めるためには、さらに今後の調査や研究を待ちたいと考えております。まずは、本書が、奄美をバイオテクノロジー時代に誘うためのささやかな道しるべになれば幸せに思います。

最後に、本書の執筆に際して激励のお言葉を賜りました北里大学元理事長・学長の長木大三博士、および同大学元衛生学部長　西村民男博士に謹んで感謝を申し上げます。また、資料の収集でお世話になりました鹿児島県立奄美高等学校元校長　大野隼夫先生、南海日々新聞社東京支社長　牧保夫氏、さらに出版にあたり編集の労をとられました技報堂出版の森晴人氏、森山慶子氏に、ここに篤くお礼を申し上げます。


本書を今年還暦を迎えた伴侶美恵子に捧げる

二〇〇〇年六月二十三日

徳　廣茂

■奄美地域と生き物たちに関心をもち、バイオテクノロジーによる研究、開発、教育などに志をおもちの方は、ご一報ください。

【連絡先】 〒194—0043 東京都町田市成瀬台3—16—5
TEL. & FAX. 042-727-2543

著者紹介

徳　廣茂（とく・ひろしげ）

1937年，鹿児島県奄美大島に生まれる．

鹿児島県立大島高校，東京理科大学卒．学術博士．

(社)北里研究所，北里大学元衛生学部講師を経て，現在（有)アイジ代表取締役．

この間，北里衛生科学専門学院および湘央医学技術専門学校非常勤講師，(財)北里環境科学センター参与，(社)奄美振興研究協会副会長等を歴任．

専門分野：有機合成化学，生物活性化学

生物資源の王国「奄美」　定価はカバーに表示してあります

2000年11月10日　1版1刷発行　ISBN 4-7655-4421-4　C1345

著　者　徳《とく》　廣《ひろ》　茂《しげ》
発行者　長　祥　隆
発行所　技報堂出版株式会社
〒102-0075　東京都千代田区三番町8-7
（第25興和ビル）
電　話　営業　(03)(5215)3165
編集　(03)(5215)3161
FAX　(03)(5215)3233
振替口座　00140-4-10

日本書籍出版協会会員
自然科学書協会会員
工学書協会会員
土木・建築書協会会員

Printed in Japan

装幀　海保　透　印刷　中央印刷　製本　鈴木製本

はなしシリーズ

B6判・平均200頁

- 土のはなしI～III
- 粘土のはなし
- 水のはなしI～III
- みんなで考える飲み水のはなし
- 水と土と緑のはなし
- 緑と環境のはなし
- 海のはなしI～V
- 気象のはなしI・II
- 極地気象のはなし
- 雪と氷のはなし
- 風のはなしI・II
- 人間のはなしI～III
- 日本人のはなしI・II
- 長生きのはなし
- あなたの「頭痛」や「もの忘れ」は大丈夫?
- 生物資源の王国「奄美」
- 帰化動物のはなし
- クジラのはなし
- 鳥のはなしI・II
- 虫のはなしI～III
- チョウのはなしI・II
- ミツバチのはなし
- クモのはなしI・II

- ダニのはなしI・II
- ダニと病気のはなし
- ゴキブリのはなし
- シルクのはなし
- 天敵利用のはなし
- 頭にくる虫のはなし
- 魚のはなし
- 水族館のはなし
- ♂♀のはなし(さかな)
- ♂♀のはなし(虫)
- ♂♀のはなし(鳥)
- ♂♀のはなし(植物)
- フルーツのはなしII
- 野菜のはなしI・II
- 米のはなしI・II
- 花のはなしI・II
- ビタミンのはなし
- 栄養と遺伝子のはなし
- キチン、キトサンのはなし
- パンのはなし
- 酒づくりのはなし
- ワイン造りのはなし
- 吟醸酒のはなし

- なるほど! 吟醸酒づくり
- ビールのはなし
- ビールのはなしPart2
- 酒と酵母のはなし
- きき酒のはなし
- 紙のはなしI・II
- ガラスのはなし
- 光のはなしI・II
- レーザーのはなし
- 色のはなしI・II
- 火のはなしI・II
- 熱のはなし
- 刃物はなぜ切れるか
- 水と油のはなし
- 暮らしの中の化学技術のはなし
- 図解コンピュータのはなし
- なぜ?なぜ?電気のはなし
- エレクトロニクスのはなし
- 電子工作のはなしI・II
- IC工作のはなし
- 太陽電池工作のはなし
- トランジスタのはなし
- ロボット工作のはなし

- コンクリートのはなしI・II
- 石のはなし
- 橋のはなしI・II
- ダムのはなし
- 都市交通のはなしI・II
- 街路のはなし
- 道のはなしI・II
- ニュー・フロンティアのはなし
- 江戸・東京の下水道のはなし
- 公園のはなし
- 機械のはなし
- 船のはなし
- 飛行のはなし
- 操縦のはなし
- システム計画のはなし
- 発明のはなし
- 宝石のはなし
- 貴金属のはなし
- デザインのはなしI・II
- 数値解析のはなし
- オフィス・アメニティのはなし
- マリンスポーツのはなしI・II
- 温泉のはなし